计算机网络技术基础
（第2版）

主　　编　　陈高祥

副主编　　步扬坚　　金菊菊　　刘晓忠

编　　者　　陈　晨　　王子昱　　刘宏斌

　　　　　　屠　祥　　薛溯凯　　陈张荣

　　　　　　肖　尧　　陈　芳　　吕　刚

U0233951

北京理工大学出版社

BEIJING INSTITUTE OF TECHNOLOGY PRESS

内 容 简 介

本书以计算机网络的组建为主线,以项目为实施重点,重点介绍了计算机网络的基础知识、常见网络的组建方法、接入 Internet 的常见方法。全书共由 11 个项目组成,全面系统地介绍了计算机网络的组成、网络体系结构、Windows 的常用命令、ICP/IP 等协议的结构及功能、办公网络及双机互连网络的组建、利用 ADSL 接入 Internet 的方法、家庭无线网络的组建、Internet 浏览器的使用、Internet 的应用、网络安全技术、网络管理技术等内容。

本书运用简洁易懂的描述和生动直观的实例对网络知识进行阐述,内容全面、实用性强、案例丰富,可作为计算机专业的计算机网络技术、计算机网络基础课程教材以及非计算机专业的网络课程教材使用,也可作为网络管理员和计算机网络爱好者的参考书。

图书在版编目(C I P)数据

计算机网络技术基础 / 陈高祥主编. -- 2 版. -- 北京 : 北京理工大学出版社, 2022.12

ISBN 978 - 7 - 5763 - 1868 - 5

Ⅰ. ①计… Ⅱ. ①陈… Ⅲ. ①计算机网络 Ⅳ. ①TP393

中国版本图书馆 CIP 数据核字(2022)第 225828 号

出版发行 / 北京理工大学出版社有限责任公司

社 址 / 北京市海淀区中关村南大街 5 号

邮 编 / 100081

电 话 / (010) 68914775 (总编室)
         (010) 82562903 (教材售后服务热线)
         (010) 68944723 (其他图书服务热线)

网 址 / http : //www. bitpress. com. cn

经 销 / 全国各地新华书店

印 刷 / 唐山富达印务有限公司

开 本 / 787 毫米 × 1092 毫米 1/16

印 张 / 17   责任编辑 / 钟 博

字 数 / 365 千字   文案编辑 / 钟 博

版 次 / 2022 年 12 月第 2 版 2022 年 12 月第 1 次印刷   责任校对 / 周瑞红

定 价 / 75.00 元   责任印制 / 施胜娟

前 言

在计算机技术飞速发展的今天，随着互联网的普及，人们的生活和工作越来越离不开信息网络的支持，人们可以通过互联网进行电子商务、电子理财、网上购物、虚拟图书馆、远程教育、远程医疗等各种活动，可以通过互联网与网友聊天、发送电邮、查找和搜索各种信息。计算机网络的重要性已被越来越多的人认识，人们迫切地需要了解计算机网络的基础知识和掌握计算机网络应用的基本技能。

本书坚持"以就业为导向，以能力为本位，以综合职业素质和职业能力为主线，以项目为载体"的指导思想，真正打造适合读者的项目式教材。本书作者在总结多年计算机网络课程教学经验的基础上，精心设计了 11 个项目、39 个任务进行实践教学，全面系统地介绍了计算机网络的组成、网络体系结构、Windows 的常用命令、TCP/IP 等协议的结构及功能、办公网络及双机互连网络的组建、利用 ADSL 接入 Internet 的方法、家庭无线网络的组建、Internet 浏览器的使用、Internet 的应用、网络安全技术、网络管理技术等内容。

本书以项目为基本单元，由浅入深、循序渐进地介绍计算机网络的基本知识，条理清晰，结构完整。每个项目中，有项目情景描述、项目描述、项目需求、相关知识点、项目分析（各任务分为任务描述、理论知识、任务实施、背景资料/知识、知识拓展）、项目小结、思考与练习，内容安排合理，通过一组精心设计的实例或操作介绍计算机网络各个组成部分的结构及设置方法，学生在学习过程中既可以模拟操作，也可以在此基础上进行改进，做到举一反三。

本书由陈高祥担任主编，并负责全书的统稿；由步扬坚、金菊菊、刘晓忠担任副主编；陈晨、王子昱、刘宏斌、屠祥、薛溯凯、陈张荣、肖尧、陈芳、吕刚参与了本书的编写工作。本书在编写过程中得到了江苏联合职业技术学院、苏州高等职业技术学校、江苏省连云港工贸高等职业技术学校、北京理工大学出版社的各位领导，刘国钧高等职业技术学校的李文刚主任及兄弟学校各位老师的大力支持，在此表示衷心的感谢。

编者在编写本书的过程中参考了相关文献，在此向这些文献的作者深表感谢。由于作者水平有限，书中难免有错误与不妥之处，恳请广大读者批评指正，读者可通过电子邮件（448563459@qq.com）与编者联系。

编　者

目 录

项目一

计算机网络组成考察

计算机网络把世界连接成了一个整体。人与人之间可以通过计算机网络进行交流和沟通，它带来了生活、工作、学习方式的大变革。

网络随处都在，你是否思考过什么是计算机网络？它是由哪些网络设备和网络传输介质连接起来的？这些网络设备和网络传输介质有什么具体功能？下面就来了解一下。

【项目描述】

（1）认识计算机网络；

（2）了解几种常见的网络设备；

（3）了解几种常见的网络传输介质；

（4）理解几种基本的网络拓扑结构。

【项目需求】

（1）网络设备：中继器（1台）、集线器（1台）、交换机（1台）、路由器（1台）、网桥（1台）和网关（1台）等；

（2）网络传输介质：双绞线、同轴电缆、光纤等；

（3）铅笔、尺子和橡皮。

【相关知识点】

（1）计算机网络的定义和组成；

（2）几种常见的网络设备的作用和特点；

（3）几种常见的网络传输介质的作用和特点；

（4）几种常见的网络拓扑结构。

【项目分析】

要考察计算机网络的组成，首先需要认识计算机网络，对计算机网络的定义和分类等都要有总体的了解；然后需要来熟悉几种常用的网络设备和网络传输介质，进而能够根据需要适时选择它们；最后需要了解常见的网络拓扑结构。

任务一　了解计算机网络

虽然计算机网络广泛应用于学习、工作和生活，但是对于它的书面定义和深层次的内容并不是每个人都了解。下面介绍什么是计算机网络。

【任务描述】

从计算机网络的定义、计算机网络的类型、计算机网络的分类等方面认识计算机网络，进而明确几种常见的计算机网络类型的特点。

【理论知识】

一、认识计算机网络

计算机网络也称为计算机通信网，简单地说就是通过通信设备、网络传输介质和网络通信协议，将不同地点的计算机设备连接起来，实现资源共享、数据传输的系统。

计算机网络是计算机网络技术与通信技术结合的产物，它可以把多台计算机、终端，利用通信设备和网络传输介质连接起来，在网络软件的作用下，实现计算机的资源共享，如图1－1－1所示。

图1－1－1　计算机网络

计算机网络概述如图1－1－2所示。

要构成一个完整的计算机网络，必须具备以下条件。

（1）拥有两台或两台以上具有独立工作能力的计算机（即独立工作的计算机）；

（2）利用通信设备和线路构建计算机之间相互通信的信息传输通道（即通信子网）；

（3）计算机之间使用统一的通路规则或约定（即网络协议）来交换、传递数据。

二、计算机网络的组成

1. 从组成部分来看

一个完整的计算机网络主要由硬件、软件和协议三大部分组成，缺一不可。

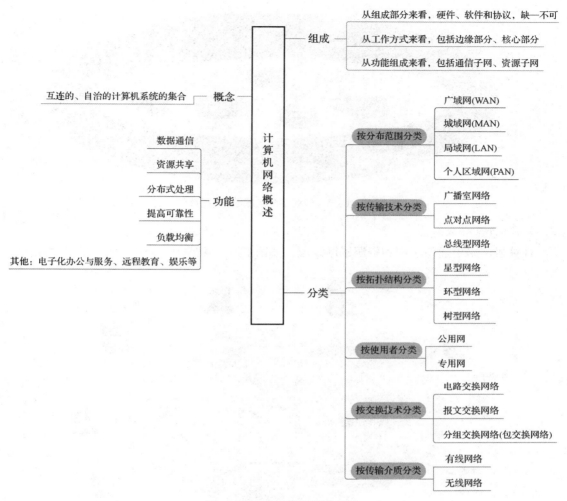

图 1 - 1 - 2 计算机网络概述

硬件主要由主机（也称端系统）、通信链路（如双绞线、光纤）、交换设备（如路由器、交换机等）和通信处理机（如网卡）等组成。

软件主要包括各种实现资源共享的软件和方便用户使用的工具软件（如网络操作系统、邮件收发程序、FTP 程序、聊天程序等）。

协议是计算机网络的核心，它规定了计算机网络传输数据时所遵循的规范。它如同现实生活中的法律一样，在网络世界也必须遵循一定的规则。

2. 从工作方式来看

计算机网络（主要指 Internet）可分为边缘部分和核心部分，如图 1 - 1 - 3 所示。

边缘部分由所有连接到计算机网络、供用户直接使用的主机组成，用来进行通信（如传输数据、音频或视频）和资源共享。

核心部分由大量的网络和连接这些网络的路由器组成，它为边缘部分提供连通性和数据交换服务。

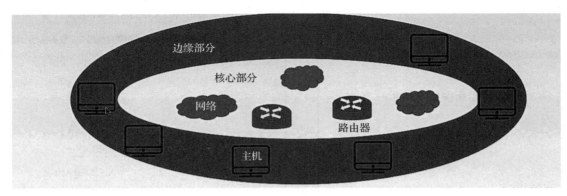

图 1 - 1 - 3　边缘部分与核心部分示意

3. 从功能组成来看

计算机网络由通信子网和资源子网组成，如图 1 - 1 - 4 所示。

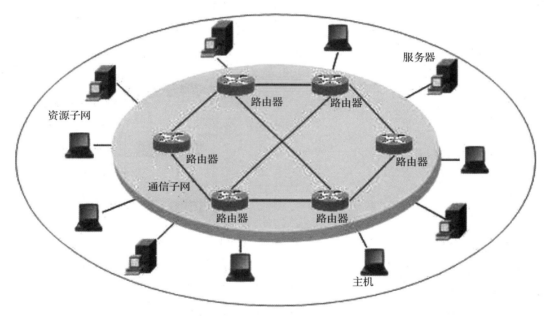

图 1 - 1 - 4　通信子网和资源子网

通信子网由各种网络传输介质、通信设备和相应的网络协议组成，它使计算机网络具有数据传输、交换、控制和存储的能力，实现计算机之间的数据通信。

资源子网是实现资源共享功能的设备及其软件的集合，向计算机网络用户提供共享其他计算机上的硬件资源、软件资源和数据资源的服务。

三、计算机网络的分类

计算机网络的分类方法有很多，按照不同的标准，可以从不同角度对计算机网络进行分类。

1. 按计算机网络覆盖的地理范围分类

这是最常用的分类方法。这种方法按照计算机网络覆盖的地理范围，将计算机网络分成局域网、城域网和广域网，它们之间的关系如图 1 - 1 - 5 所示。

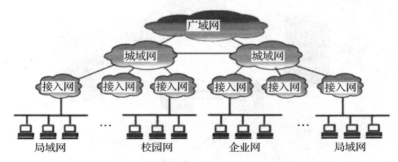

图 1 - 1 - 5　局域网、城域网和广域网的关系

下面对它们进行详细介绍。

1）局域网

局域网（Local Area Network，LAN）是指在某一区域内由多台计算机互连而成的计算机组。"某一区域"指的是同一办公室、同一建筑物、同一公司或同一学校等，一般是方圆几千米以内的范围。由于传输距离较近，所以局域网的数据传输速率较高。

局域网是封闭型的，它既可以由办公室内的两台计算机组成，也可以由一个公司内的上千台计算机组成。图 1 - 1 - 6 和图 1 - 1 - 7 所示分别是家庭局域网和某学校局域网示例。

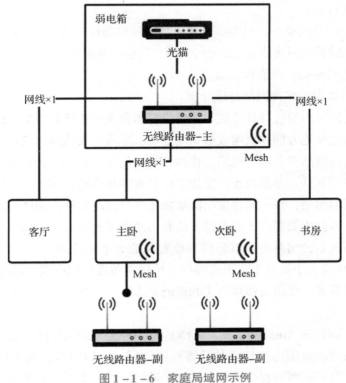

图 1 - 1 - 6　家庭局域网示例

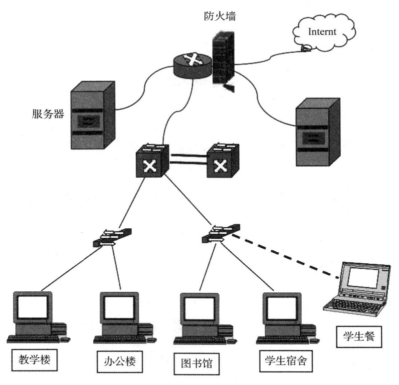

图 1-1-7　某学校局域网示例

局域网的特点如下。

（1）覆盖的地理范围较小，只在一个相对独立的局部范围内互连，如一个建筑群内。

（2）使用专门铺设的网络传输介质进行连网，数据传输速率高（10 Mbit/s ~ 10 Gbit/s）。

（3）通信延迟时间短，可靠性较高。

（4）局域网可以支持多种网络传输介质。

局域网将一定区域内的各种计算机、外部设备和数据库连接起来形成计算机通信网，通过专用数据线路与其他地方的局域网或数据库连接，形成更大范围的信息处理系统。局域网通过网络传输介质将网络服务器、网络工作站、打印机等网络互连设备连接起来，实现系统管理文件，共享应用软件、办公设备，发送工作日程安排等通信服务。

局域网为封闭型网络，在一定程度上能够防止信息泄露和外部网络病毒攻击，具有较高的安全性，但是一旦发生黑客攻击等事件，极有可能出现整体瘫痪，局域网内的所有工作无法进行，甚至泄露大量公司机密，对公司事业发展造成重创。2017 年，国家发布《中华人民共和国网络安全法》，于 6 月 1 日正式施行，从法律角度对网络安全和信息安全做出了明确规定，对网络运营者、使用者都提出了相应的要求，以提高网络使用的安全性。

2）城域网

城域网（Metropolitan Area Network，MAN）是一种大型的局域网，覆盖的面积较大，一般是在一个城市或地区范围内所建立的计算机通信网。城域网是在局域网的基础上提出来的，所以在技术上与局域网有着很多相似之处。城域网的一个重要用途是作为骨干网，通过它将位于同一城市内不同地点的主机、数据库，以及局域网等互相连接起来，这与广域网的作用有相似之处，但两者在实现方法与性能上有很大差别。

我国逐步完善的城市宽带城域网已经给人们的生活带来了许多便利，高速上网、视频点播、视频通话、网络电视、远程教育、远程会议等各种互联网应用，其背后正是城域网在发挥着巨大的作用。图1-1-8所示是教育城域网示例。

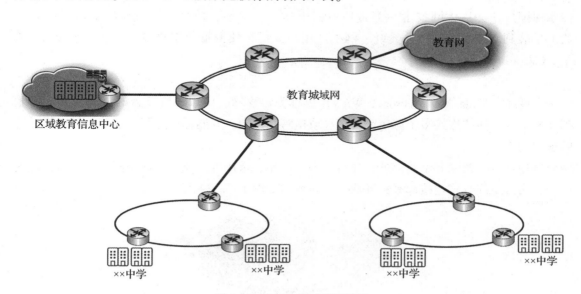

图1-1-8　教育城域网示例

城域网的特点如下。

（1）投入少、简单。

宽带城域网用户端设备便宜而且普及，可以使用路由器、集线器，甚至普通的网卡。用户只需要将光纤、网线进行适当连接，并简单配置用户网卡或路由器的相关参数即可接入宽带城域网。

个人用户只要在自己的计算机上安装一块以太网卡，将宽带城域网的接口插入网卡即可连网。其安装过程和以前的电话一样，只不过网线代替了电话线，计算机代替了电话机。

（2）技术先进。

城域网在技术上为用户提供了高度安全的服务保障。宽带城域网在网络中提供了第二层的VLAN隔离，使安全性得到保障。由于VLAN的安全性，只有用户局域网内的计算机才能互相访问，非用户局域网内的计算机无法通过非正常途径访问用户的计算机。

（3）采用光纤直连技术。

光纤直连技术是指将以太网交换机、路由器、ATM交换机等IP城域网网络设备直接通过光纤相连。严格来说它并不是一种城域传输方案，但由于在IP城域网中已经采用了很多光纤直连的方案，所以在这里把光纤直连作为一种网络传输技术。

（4）采用SDH/SONET。

由于SDH/SONET已经占据传输网络非常大的份额，所以它必然会在以数据通信为代表的 IP 城域网中发挥重要作用。基于技术成熟性、可靠性和总体成本等方面的综合考虑，以 SDH/SONET 为基础的多业务解决方案仍将在可预见的未来扮演重要的角色，这一点在城域网应用领域显得尤为突出。

（5）数据传输速率高。

宽带城域网采用大容量的 POS（Packet Over SDH）传输技术，为高速路由和交换提供传输保障。千兆以太网技术在宽带城域网中的广泛应用，使骨干路由器的端口能高速有效地扩展到分布层交换机。光纤、网线到用户桌面，使数据传输速度达到 100 Mbit/s，甚至 1 000 Mbit/s。

3）广域网

广域网（Wide Area Network，WAN）也称为远程网。广域网所覆盖的范围从几十千米到几千千米，能够连接多个城市或国家，或横跨几个洲，并能提供远距离通信，形成国际性的远程网络。

例如：某公司除北京总部外，还有上海、广州、重庆等分公司，甚至海外分公司，把这些分公司以专线方式连接起来，即成为广域网，如图 1 - 1 - 9 所示。

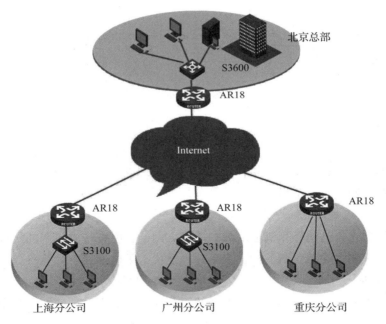

图 1 - 1 - 9　广域网示例

广域网的通信子网主要使用分组交换技术。广域网的通信子网可以利用公用分组交换网、卫星通信网和无线分组交换网，它将分布在不同地区的局域网或计算机系统互连起来，达到资源共享的目的。

广域网的特点如下。

（1）覆盖的地理范围大，通常为几千米至几千、几万千米，可跨越市、地区、省、国家、洲洋乃至全球。

（2）通常借用公用网络进行连接。

（3）数据传输速率通常比局域网低，但信号的传播延迟时间却比局域网长得多。

（4）网络拓扑结构复杂。

2．按工作模式分类

按工作模式可将计算机网络分为对等网和基于服务器的网络。

3．按网络传输介质分类

按网络传输介质可将计算机网络分为有线网络和无线网络。

4．按使用范围分类

按使用范围可将计算机网络分为 3 种，分别是公用网络、专用网络和用公用网络组建的专用网络。

【任务实施】

（1）请在表 1 - 1 - 1 中填入按计算机网络覆盖的地理范围分类的 3 种计算机网络类型，并写明它们各自有什么特点。

表 1 - 1 - 1　计算机网络的类型和特点

类型	特点

（2）请为所在学校的校园网定位网络类型（表1-1-2）。

表1-1-2　校园网的类型

局域网	城域网	广域网
☐	☐	☐

【背景知识】

计算机网络的产生与发展

计算机网络近年来获得飞速的发展。20年前，在我国接触过网络的人不多，而如今计算机通信网络以及Internet已成为社会结构的基本组成部分。计算机网络被应用于工商业的各个方面，电子银行、电子商务、现代化企业管理、信息服务等都以计算机网络系统为基础。从学校远程教育到政府日常办公，乃至现在的电子社区，很多方面都离不开计算机网络技术。可以不夸张地说，计算机网络在当今世界无处不在。

1997年，在美国拉斯维加斯的全球计算机技术博览会上，微软公司总裁比尔·盖茨发表了著名的演说。在演说中，"网络才是计算机"的精辟论点充分体现出信息社会中计算机网络的重要基础地位。计算机网络技术的发展越来越成为当今世界高新技术发展的核心之一。

随着计算机网络技术的蓬勃发展，计算机网络经历了从简单到复杂，从单机到多机的发展过程，其演变过程大致可划分为4个阶段。

1. 第一阶段：诞生阶段

20世纪50—60年代，出现了第一代计算机网络，它是以单个计算机为中心的远程连机系统。它的主要特点是具有一个主机和多个终端。

当时计算机的体积庞大，价格高昂，设置在专用机房，相对而言，通信线路和通信设备较为便宜。为了共享计算机强大的资源，将多台具有通信功能而无处理能力的设备与计算机相连。该台计算机称为主机，在专用机房中放置；与其相连的设备称为终端，终端是一台计算机的外部设备，包括显示器和键盘，无CPU和内存，放置在各个需要使用计算机的工作环境中。典型应用是由一台计算机和全美范围内2 000多个终端组成的飞机定票系统。

随着远程终端的增多，在主机前增加了前端机（FEP）。当时，人们把计算机网络定义为"以传输信息为目的而连接起来，实现远程信息处理或进一步达到资源共享的系统"，这样的通信系统即如今计算机网络的雏形。

2. 第二阶段：形成阶段

20世纪60年代中期—70年代的第二代计算机网络是以多个主机通过通信线路互连起来为用户提供服务的网络。它兴起于20世纪60年代后期，主要特点是分散管理，也就是多个主机互连成系统，类似于若干个第一代计算机网络的组合。第二代计算机网络以实现更大范围内的资源共享为目的，其典型代表是美国国防部高级研究计划局协助开发的ARPANET，也就是现代 Internet 的雏形。

ARPANET 将整个计算机网络分成通信子网和资源子网两部分。

通信子网是指计算机网络中实现网络通信功能及其设备和软件的集合。通信线路、通信设备、网络通信协议、通信控制软件等都属于通信子网，它负责网络信息的传输。

资源子网是指计算机网络中实现资源共享功能及其设备和软件的集合。主机和终端都属于资源子网。

通信子网为资源子网提供信息传输服务，资源子网上用户之间的通信则建立在通信子网的基础上。

第二代计算机网络实现了更大范围内的资源共享，网络中有多台主机，主机之间不是直接用线路相连，而是由接口报文处理机（IMP）转接后互连的。IMP 和它们之间互连的通信线路一起负责主机间的通信任务，构成了通信子网。通信子网中互连的主机负责运行程序，提供资源共享，组成了资源子网。在这个时期，计算机网络的基本概念为"以共享资源为目的互连起来的具有独立功能的计算机之集合体"。

3. 第三阶段：互连互通阶段

20 世纪 70 年代末—90 年代的第三代计算机网络是具有统一的网络体系结构并遵循国际标准的开放式和标准化的网络。ARPANET 兴起后，计算机网络发展迅猛，各大计算机公司相继推出自己的网络体系结构及实现这些结构的软/硬件产品。由于没有统一的标准，不同厂商的产品之间互连很困难，人们迫切需要一种开放性的标准化实用网络环境，于是两种国际通用的最重要的网络体系结构应运而生，即 TCP/IP 体系结构和国际标准化组织的 OSI 体系结构。

4. 第四阶段：高速网络技术阶段

20 世纪 90 年代末至今的第四代计算机网络，由于局域网技术发展成熟，出现了光纤及高速网络技术、多媒体网络、智能网络，整个网络就像一个对用户透明的大型计算机系统，发展为以 Internet 为代表的互联网。

5. 计算机网络的发展趋势

从计算机网络的应用来看，计算机网络将向更深和更宽的方向发展。

首先，Internet 信息服务将会得到更大发展。网上信息浏览、信息交换、资源共享等技术将进一步提高速度、容量及信息的安全性。其次，远程会议、远程教学、远程医疗、远程购物等应用将逐步从实验室中走出，不再只是幻想。网络多媒体技术的应用也将成为计算机网络发展的热点话题。

计算机网络的发展也得益于经济上的冲击。数据网络使个人化的远程通信成为可能，并改变了商业通信的模式。一个完整的用于发展网络技术、网络产品和网络服务的新兴工业已经形成，计算机网络的普及性和重要性已经导致在不同岗位上对具有更多网络知识的人才的大量需求。企业需要雇员规划、获取、安装、操作、管理那些构成计算机网络和 Internet 的软/硬件系统。另外，计算机编程已不再局限于个人计算机，而要求程序员设计并实现能与其他计算机上的程序通信的应用软件。

任务二　了解几种常见的网络设备

不管是何种网络都会用到网络设备，下面来认识这些常用的网络设备，如集线器、路由器等，以便能对它们进行区分，适时应用。

【任务描述】

（1）明确各常用网络设备的作用和特点；

（2）能够对一些常用的网络设备进行区分和应用。

【理论知识】

常用的网络设备有中继器（Repeater）、集线器（Hub）、交换机（Switch）、网桥（Bridge）、路由器（Router）和网关（Gateway）等。

一、中继器

中继器是工作在 OSI 体系结构中网络物理层上的连接设备，如图 1 - 2 - 1 所示。它适用于完全相同的两类网络的互连，主要功能是通过对数据信号的重新发送或者转发来延长网络传输的距离。

最简单的网络就是两台计算机互连，此时两块网卡之间用双绞线连接。由于在双绞线上传输的信号功率会逐渐衰减，当信号衰减到一定程度时，就会出现信号失真，一般当两台计算机之间的距离超过 100 m 的时候，就需要在这两台计算机之间安装一个中继器，对已经衰减的信号进行整理，重新产生完整的信号继续传送。

图 1 - 2 - 1　中继器

中继器从一个网络电缆里接收信号，放大它们，再将其送入下一个电缆。它们毫无目的这么做，对它们所转发消息的内容毫不在意。

二、集线器

集线器也是网络物理层上的连接设备，如图 1 - 2 - 2 所示。它的主要功能是对接收到的信号进行再生整形放大，以延长网络的传输距离，同时把所有节点集中在以它为中心的节点上。

图 1 - 2 - 2　集线器

集线器属于数据通信系统中的基础设备，它和双绞线等网络传输介质一样，是一种不需要任何软件支持或只需要很少管理软件管理的硬件设备。集线器是一个多端口的转发器，如图 1 - 2 - 3 所示，当以它为中心设备时，若网络中某条线路产生了故障，并不影响其他线路的工作。可以看出，集线器实际上就是中继器的一种，其区别仅在于集线器能够提供更多端口服务，所以集线器又叫作多口中继器。

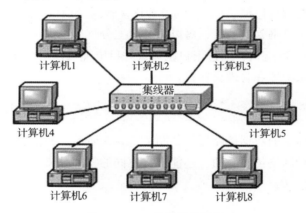

图 1 - 2 - 3　集线器的运用

集线器的工作原理如下。以一个 8 口的集线器为例，它连接了 3 台计算机：A、B 和 C。这时集线器位于网络的中心，对信号进行转发，3 台计算机之间可以实现互连。假如计算机 A 要将一条信息发送给计算机 C，计算机 A 的网卡将信息通过双绞线送到集线器上，此时集线器会把信息直接发送给计算机 C 吗？集线器可没有那么高的智慧，它会把信息进行"广播"，那么 8 个端口都将收到这条信息。各个端口都会检查该信息是否是发给自己的，如果是，则接收；如果不是，则丢弃。也就是说，计算机 C 会进行接收，而计算机 A 和 B 会将信息丢弃。

三、交换机

交换（switching）是按照通信两端传输信息的需要，通过用人工或设备自动完成的方法，把要传输的信息送到符合要求的相应路由上的技术的统称。广义的交换机就是一种在通信

系统中完成信息交换功能的设备，如图 1 - 2 - 4
所示。

图 1 - 2 - 4   交换机

传统的交换机是从网桥发展而来的，交换
机是一个简化、低价、性能高和端口集中的网
络互连设备。交换机能基于目标的 MAC 地址转
发信息，而不是以广播方式传输信息。交换机中存储并且维护着一张计算机网卡地址和交换
机端口的对应表，它对接收到的所有帧进行检查，读取帧的源 MAC 地址字段后，根据所传
递的数据包目的地址，按照对应表进行转发，保证每一个独立的数据包可以从源端口被送至
目的端口，以避免和其他端口发生冲突，如果对应表中没有对应的目的地址，则将数据包转
发给所有的端口。

从上面可以看出交换机比集线器"聪明"。它类似于一台专用的通信计算机，包括硬件
系统和操作系统。交换机的信息转发核心是 ASIC 芯片。

交换机的基本功能包括地址学习、帧的转发和过滤、环路避免。

按是否可网管，交换机分为可网管交换机和不可网管交换机。这两种交换机的区别在
于：不可网管的交换机是不能被管理的，只能像集线器一样直接转发数据；可网管交换机是
可以被管理的，它具有端口监控、VLAN 划分等许多普通交换机不具备的特性。

一台交换机是否是可网管交换机，可以从外观上分辨出来。可网管交换机的正面或背面
一般有网管配置的 console 端口，通过串口电缆或并口电缆可以把交换机和计算机连接起来，
这样可以通过计算机来配置和管理交换机。

四、网桥

网桥工作于 OSI 体系的数据链路层，如图 1 - 2 - 5 所示。网桥包含了中继器的功能和特
性，不仅可以连接多种网络传输介质，还能连接不同的物理分支，如以太网和令牌网，能将
数据包在更大范围内传送。

图 1 - 2 - 5   无线网桥

网桥的典型应用是将局域网分段成子网，从而减小数据传输的瓶颈，这样的网桥叫作"本地"桥，用于广域网的网桥叫作"远地"桥。

五、路由器

路由器把网络相互连接起来，如图 1 - 2 - 6 所示。

路由器是互连网络的枢纽，它工作在 OSI 体系结构中的网络层，这意味着它可以在多个网络上交换和路由数据包。路由器通过在相对独立的网络中交换具体协议的信息来实现这个目标。比起网桥，路由器不但能过滤和分隔网络信息流、连接网络分支，还能访问数据包中更多的信息，并且能够提高数据包的传输效率。

图 1 - 2 - 6　路由器

路由表包含网络地址、连接信息、路径信息和发送代价等。路由器比网桥慢，主要用于广域网或广域网与局域网的互连。

现在大部分家庭中使用的小型路由器，泛指一种集合了交换机与路由器特点的小型设备。这种路由器除了具有传统交换机的高速转发功能、路由器的路由功能之外，根据搭载的模块不同和嵌入式系统所具有的功能不同，有些还可以实现无线 AP 的无线局域网（Wireless Local - Area Network，WLAN）功能、MODEM 的 PPPOE 拨号功能，以及流量控制、上网行为管理、防火墙等各种功能。

六、网关

从一个房间走到另一个房间，必然要经过一扇门。同样，从一个网络向另一个网络发送信息，也必须经过一道"关口"，这道"关口"就是网关。顾名思义，网关就是一个网络连接到另一个网络的"关口"，如图 1 - 2 - 7 所示。

图 1 - 2 - 7　网关

网关能互连异类的网络，它从一个环境中读取数据，剥去数据的旧协议，然后用目标网络的新协议进行重新包装。网关的用途是在局域网的微机和小型机或大型机之间作翻译。

网关的典型应用是网络专用服务器，网关应用实例如图 1 - 2 - 8、图 1 - 2 - 9 所示。

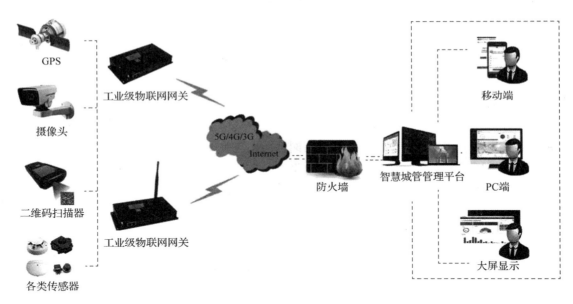

图1-2-8 物联网网关应用实例

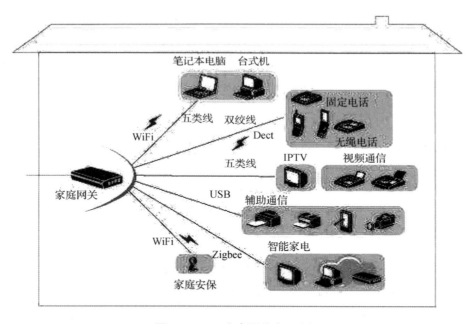

图1-2-9 家庭网关应用实例

【任务实施】

（1）观察实验室里的网络设备，写出它们的品牌和型号，填入表1-2-1。

表 1-2-1 网络设备的品牌和型号

网络设备	品牌	型号
中继器		
集线器		
交换机		
路由器		
网桥		
网关		

（2）请写出下列常用网络设备的作用和特点，见表 1-2-2。

表 1-2-2 网络设备的作用和特点

网络设备	作用	特点
中继器		
集线器		
交换机		
路由器		

网络设备	作用	特点
网桥		
网关		

任务三　了解几种常见的网络传输介质

了解了常见的网络设备，下面来认识一些常用的网络传输介质，如双绞线、光纤、光缆等。

【任务描述】

（1）明确一些常用的网络传输介质的作用和特点；

（2）能够对一些常用的网络传输介质进行区分和应用。

【理论知识】

网络传输介质是网络中信息传递的载体，网络传输介质的性能直接影响网络的运行。

一、网络传输介质的分类

网络传输介质可分为有线网络传输介质和无线网络传输介质两大类。

1. 有线网络传输介质

目前常用的有线网络传输介质有双绞线、同轴电缆、光纤等。下面具体介绍。

1）双绞线

双绞线是综合布线工程中最常用的一种网络传输介质，如图1-3-1所示。

双绞线采用把一对互相绝缘的金属导线互相绞合的方式，来抵御一部分外界电磁波的干扰，更主要的是降低自身信号的对外干扰。它把两根绝缘的铜导线按一定密度互相绞合在一起，以降低信号干扰的程度，每一根导线在传输中辐射的电磁波会被另一根导线上发出的电磁波抵消，"双绞线"的名称也由此而来。

双绞线有两种分类方式。一种是按照线缆是否屏蔽分为屏蔽双绞线和非屏蔽双绞线（UTP），屏蔽双绞线在电磁屏蔽性能方面比非屏蔽双绞线要好些，但价格要高些。另一种是按照电气特性分为 3 类、5 类、超 5 类，6 类、7 类等类型，数字越大技术越先进，带宽越宽，价格也越高。目前在局域网中常用的有 5 类线、超 5、6 类非屏蔽双绞线。

（1）屏蔽双绞线：屏蔽双绞线又分为两类，即 STP 和 FTP。STP 是指每条线都有各自屏蔽层的屏蔽双绞线；FTP 是采用整体屏蔽方式的屏蔽双绞线。

（2）非屏蔽双绞线：由于价格原因，通常在综合布线系统中只采用非屏蔽双绞线（除非有特殊原因）。非屏蔽双绞线的优点很多，它独立、灵活；无屏蔽外套，直径小，节省所占空间；可将串扰减至最小或加以消除；质量小、易弯曲、易安装；具有阻燃性。

2）同轴电缆

同轴电缆也是局域网中最常见的网络传输介质之一。同轴电缆由一根空心的外圆柱导体和一根位于中心轴线的内导线组成，内导线和圆柱导体及外界之间用绝缘材料隔开，如图 1 – 3 – 2 所示。

图 1 – 3 – 1　双绞线

图 1 – 3 – 2　同轴电缆

按直径的不同，同轴电缆可分为粗缆和细缆两种。

（1）粗缆。

粗缆传输距离长，性能好，但成本高，网络安装、维护困难，一般用于大型局域网的干线，连接时两端需要接终端器，最大传输距离达到 500 m。

（2）细缆

细缆与 BNC 网卡相连，两端装 50 Ω 的终端电阻。细缆使用 T 形头，T 形头之间最小距离为 0.5 m。细缆网络每段干线长度最大为 185 m，每段干线最多接入 30 个用户。如采用 4 个中继器连接 5 个网段，网络最大距离可达 925 m。

细缆安装较容易，造价较低，但日常维护不方便，一旦一个用户出现故障，便会影响其他用户的正常工作。

3）光纤

光纤是由一组光导纤维组成的用来传播光束的、细小而柔韧的网络传输介质。

光纤应用光学原理，由光发送机产生光束，将电信号变为光信号，再把光信号导入光纤，在另一端由光接收机接收光纤上传来的光信号，并把它变为电信号，经解码后处理。

与其他网络传输介质比较，光纤的电磁绝缘性能好、信号衰减小、频带宽、传输速度高、传输距离长。光纤主要用于要求传输距离较长、布线条件特殊的主干网连接。

光纤可分为单模光纤和多模光纤。

（1）单模光纤。

单模光纤（简称SMF）如图1-3-3所示，它由激光作光源，仅有一条光通路，传输距离长（在2 km以上），中心玻璃芯较细，只能传输一种模式的光。因此，单模光纤没有模间色散，适用于远程通信。

（2）多模光纤。

多模光纤（简称MMF）如图1-3-4所示，它由二极管发光，传输速度低，传输距离短（在2 km以内），中心玻璃芯较粗，可以传输多种模式的光。

图1-3-3　单模光纤　　　　　　　　图1-3-4　多模光纤

2. 无线网络传输介质

目前常用的无线网络传输介质包括：无线电波、微波、红外线、激光等。

1）无线电波

无线电波是指在自由空间（包括空气和真空）中传播的射频频段的电磁波。

无线电波的频率范围为10～16 kHz。使用无线电波的时候，需要考虑到它的频率范围非常有限。其中，大部分都被电视、广播以及政府和军队使用，只有少部分留给一般的计算机网络使用，这些频率大部分由国内"无线电管理委员会"统一管理。

◈ 备注：

　　要使用受管制的无线电频率，必须向无线电管理委员会申请许可证，管制目的是限制设备的作用范围，从而限制对其他信号的干扰。如果设备使用的是未经管制的频率，则功率必须在1 W以下。

2）红外线

红外线局域网采用波长小于1 μm的红外线作为传输介质。红外线不受无线电管理委会的管制，所以使用范围较广。

红外线信号窃听困难，对邻近区域的类似系统也不会产生干扰，但它没有能力穿透墙壁和一些固体，并且每一次反射都要衰减一半左右功率，同时也容易被强光源遮盖，这导致红外线信号传输距离受限。

3）激光

激光如图 1-3-5 所示。激光是利用激光发生器激发半导体材料而产生的高频波。激光通信利用激光束来传输信号，即将激光束调制成光脉冲，以传输数据。激光通信必须配置激光发射器，且安装在可视范围内。激光与红外线一样不能传输模拟信号。

激光具有很好的聚光性和方向性，因此很容易被窃听、插入数据和干扰。激光提供很好的带宽而成本较低；其缺点是不能穿透雨和浓雾，空气中扰乱的气流会引起偏差。

图 1-3-5　激光

二、网络传输介质的选择

网络传输介质的选择要根据网络的拓扑结构和网络的连接方式而定，同时还要考虑以下几个方面：容量、可靠性、支持的数据类型、数据传输速率、传输距离、组网的成本价格、安装的灵活性和方便性、防止外界干扰的能力。

例如，若要求传输速率高，可使用光缆；若要求价格低，可使用双绞线；若在某些场合不适宜敷设电缆，那么可使用无线网络传输介质。

【知识拓展】

无线局域网的优势和技术架构

无线网络是计算机网络与无线通信技术相结合的产物，它提供了使用无线多址信道的一种有效方法来支持计算机之间的通信，并为通信的移动化、个人化和多媒体应用提供了潜在的手段。一般而言，凡采用无线传输的计算机网络都可称为无线网络。通俗地说，无线网络就是局域网的无线连接形式，也就是无线局域网。无线局域网可看作有线局域网的扩展，也可以独立作为有线局域网的替代设施，因此无线局域网具有很强的组网灵活性。

从无线局域网到蓝牙，从红外线到移动通信，所有的这一切都是无线网络的应用典范。无线网络不采用传统缆线，且不提供传统有线局域网的所有功能，它所需的基础设施不需要埋在地下或隐藏在墙里，能够随着实际需要移动或变化。

无线局域网技术的成长始于 20 世纪 80 年代中期，它是由美国联邦通信委员会（FCC）为工业、科研和医学（ISM）频段的公共应用提供授权而产生的。这项政策使各大公司和终端用户不需要获得 FCC 许可证，就可以应用无线产品，从而促进了无线局域网技术的发展和应用。

与有线局域网通过铜线或光纤等导体传输不同的是，无线局域网使用电磁频谱传递信息。同无线广播和电视类似，无线局域网使用无线电波发送信息。传输可以通过使用无线微波或红外线实现，但要求所使用的有效频率和发送功率电平标准在政府机构允许的范围之内。

1. 无线网络传输原理

无线局域网的传输原理和普通有线网络一样，也是采用了 ISO/RM 七层网络模型，只是在模型的最低两层"物理层"和"数据链路层"中使用了无线传输方式。尽管目前各类无线网络的标准和规范并不统一，但是其传输方式肯定是以下两种之一：无线电波传输方式和红外线传输方式。其中红外线传输方式是目前应用最为广泛的一种无线网络技术，现在家用电器中使用频繁的家电遥控器几乎都采用红外线传输方式。作为无线局域网的传输方式，红外线传输的最大优点是不受无线电波的干扰，而且红外线的使用也不会被国家无线电管理委员会限制。但是，红外线传输方式的传输质量受距离的影响非常大，并且红外线对非透明物体的穿透性也非常差，这直接导致红外线传输技术很难成为计算机无线网络中的主角。相比之下，无线电波传输方式的应用则广泛得多。无线电波传输方式不仅覆盖范围大、发射功率强，而且具有隐蔽性、保密性等特点，不会干扰同频的系统，具有很高的可用性。

2. 无线局域网技术的优势

无线局域网是指以无线信道作为传输媒介的计算机局域网络，是计算机网络与无线通信技术相结合的产物，它以无线多址信道作为传输媒介，提供传统有线局域网的功能，能够使用户真正实现随时、随地、随意的宽带网络接入。

无线局域网技术使网络上的计算机具有可移动性，能快速、方便地解决有线方式不易实现的网络信道的连通问题。无线局域网利用电磁波在空气中发送和接收数据，而无须线缆介质。与有线网络相比，无线局域网具有以下优点。

（1）安装便捷。无线局域网的安装工作简单，它无须施工许可证，不需要布线或开挖沟槽。它的安装时间只是安装有线网络时间的零头。

（2）覆盖范围广。在有线网络中，网络设备的安放位置受网络信息点位置的限制。而无线局域网的通信范围不受环境条件的限制，传输范围大大拓宽，最大传输范围可达到几十千米。

（3）经济节约。由于有线网络缺少灵活性，这就要求网络规划者尽可能地考虑未来发展的需要，所以往往导致预设大量利用率较低的信息点。而一旦网络的发展超出了设计规划，又要花费较多费用进行网络改造。无线局域网不受布线接点位置的限制，具有传统局域网无法比拟的灵活性，可以避免或减少以上情况的发生。

（4）易于扩展。无线局域网有多种配置方式，能够根据需要灵活选择。这样，无线局域网就能胜任从只有几个用户的小型网络到上千用户的大型网络，并且能够提供"漫游"（Roaming）等有线网络无法提供的特性。

（5）传输速率高。无线局域网的数据传输速率现在已经能够达到 11 Mbit/s，传输距离可远至 20 km 以上。应用到正交频分复用（OFDM）技术的无线局域网，其数据传输速率甚至可以达到 54 Mbit/s。

此外，无线局域网的抗干扰性强，网络保密性好。对于有线局域网中的诸多安全问题，在无线局域网中基本上可以避免。而且相对于有线网络，无线局域网的组建、配置和维护较为容易，一般计算机工作人员都可以胜任无线局域网的管理工作。

由于无线局域网具有多方面的优点，所以其发展十分迅速。在最近几年，无线局域网已经在医院、商店、工厂和学校等不适合网络布线的场合得到了广泛的应用。

【任务实施】

（1）请写出各常用网络传输介质的作用和特点，见表 1 – 3 – 1。

表 1 – 3 – 1　各常用网络传输介质的作用和特点

类型	名称	作用和特点
有线网络传输介质	双绞线	
	同轴电缆	
	光纤	
无线网络传输介质	无线电波	
	微波	
	红外线	

（2）写出下列网络传输介质的具体应用，见表 1 – 3 – 2。

表 1 – 3 – 2　网络传输介质的具体应用

类型	名称	应用例举
有线网络传输介质	双绞线	
	同轴电缆	
	光纤	
无线网络传输介质	无线电波	
	红外线	

任务四　熟悉几种常见的网络拓扑结构

【任务描述】

了解何为网络拓扑结构，并且能够对它们进行理解和区分。

【理论知识】

在介绍网络拓扑结构之前，先来了解何为"拓扑"。

"拓扑"是音译外来词（topology），是一种研究与大小有关、与形状无关的结构图形（线、面）特征的方法。

从拓扑学的角度来看，"计算机网络拓扑结构"就是把网络中的通信设备抽象成为"点"，将通信介质抽象成为"线"的点线结合的几何图形，也称为计算机网络的物理结构图形。

下面介绍几个相关术语。

（1）网络拓扑。网络拓扑是由网络节点设备和通信介质构成的网络结构图。

（2）节点。节点就是网络单元。网络单元是网络系统中的各种数据处理设备、数据通信控制设备和数据终端设备。

（3）链路。链路是两个节点间的连线。链路分为"物理链路"和"逻辑链路"两种，前者是指实际存在的通信连线，后者是指在逻辑上起作用的网络通路。

（4）通路。通路是从发出信息的节点到接收信息的节点之间的一串节点和链路。也就是说，它是一系列穿越通信网络而建立起来的节点到节点的链路。

接下来介绍几种常见的计算机网络拓扑结构，分别是总线型、环型、星型和树型。

一、总线型

如图 1-4-1 所示，总线型拓扑结构的网络中，只有单根通信线路连接所有的计算机和其他网络设备（如服务器、防火墙等），当一个节点向另一个节点发送数据时，所有节点都将被动地侦听该数据，但只有目标节点接收并处理发送给它的数据，而其他节点将忽略该数据。

总线型网络的特点：结构简单、便于扩充、价格相对较低、安装使用方便。其缺点是一旦总线的某一节点出现故障，整个网络就陷于瘫痪。

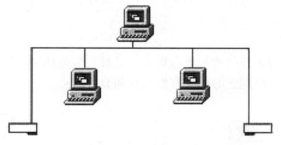

图 1-4-1　总线型拓扑结构

二、环型

如图 1-4-2 所示，环型拓扑结构是使用公共电缆组成一个封闭的环，各节点直接连到环上，信息沿着环按一定方向从一个节点传送到另一个节点。环接口一般由发送器、接收器、控制器、线控制器和线接收器组成。

在环型拓扑结构的网络中，有一个控制发送数据权力的"令牌"，它在后边按一定的方向单向环绕传送，每经过一个节点都要被接收并判断一次，是发给该节点的则接收，否则将数据送回环中继续往下传。

环型拓扑结构的特点：信息在网络中沿着固定的方向流动，两个节点间有唯一的通路，可靠性高。其缺点是整个网络构成闭合环路，不易扩充；当环中的节点不断增加时，响应时间变得越来越长；如果环中某个节点或者某处发生故障，整个网络将会瘫痪。

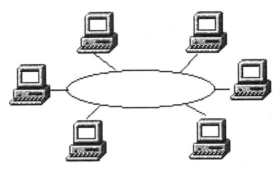

图 1 - 4 - 2　环型拓扑结构

三、星型

如图 1 - 4 - 3 所示，星型拓扑结构是最古老的一种连接结构，人们每天使用的电话网络即属于这种结构。星型拓扑结构是指各工作站以星型方式连接成网。网络有中央节点，其他节点（工作站、服务器）都与中央节点直接相连。这种结构的网络以中央节点为中心，因此又称为集中式网络。

星型拓扑结构的特点：由于使用中央设备作为连接点，星型拓扑结构很容易移动，与其他网络连接，具有其他网络拓扑结构不可比拟的可扩展性；同时，星型拓扑结构网络的系统稳定性好，故障率低。其缺点是一旦中央节点发生故障，整个网络就会瘫痪。

四、树型

树型拓扑结构是星型拓扑结构的组合形式，是对星型拓扑结构的扩展。如图 1 - 4 - 4 所示，树型拓扑结构犹如一根倒立的树，有根节点和分支节点。

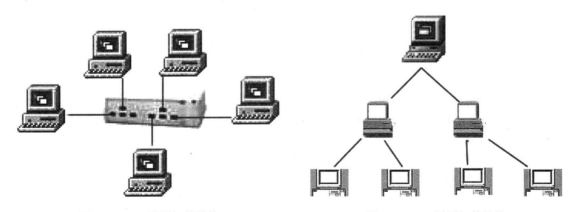

图 1 - 4 - 3　星型拓扑结构　　　　　　　　图 1 - 4 - 4　树型拓扑结构

树型拓扑结构的特点：通信线路总长度短，网络成本较低，节点易于扩充，寻找比较快捷等。其缺点是除了叶子节点外，一旦某节点出现故障，该节点的所有节点都会受到影响。

【任务实施】

（1）对比几种网络拓扑结构，写出它们的优、缺点，见表 1 - 4 - 1。

表 1 - 4 - 1　网络拓扑结构的优、缺点

网络拓扑结构名称	优点	缺点
总线型 拓扑结构		
环型 拓扑结构		
星型 拓扑结构		
树型 拓扑结构		

（3）观察实训机房的网络拓扑结构，判断其类型及特点，找出网络连接设备，并画出实训机房网络拓扑结构草图，分析这种网络拓扑结构的优、缺点，见表 1 - 4 - 2。

表 1 - 4 - 2　实训机房网络拓扑结构分析

网络拓扑结构类型	□总线型　　□环型　　□星型　　□树型　　□混合型
该网络拓扑结构类型的特点	

续表

网络拓扑结构类型	□总线型　□环型　□星型　□树型　□混合型	
网络拓扑结构草图		
	优点	缺点
网络拓扑结构的优、缺点		

【知识拓展】

以太网的诞生和发展

以太网是在 1972 年开创的。施乐公司的帕洛阿尔托研究中心（PARC）的计算机科学实验室是世界上有名的研究机构。当时 Metcalfe 是 PARC 的网络专家，他的工作是把施乐 ALTO 计算机连接到 Arpanet。在 1972 年秋，Metcalfe 偶然发现了 Abramson 的关于 ALOHA 系统的早期研究成果。在阅读 Abramson 著名的关于 ALOHA 模型的论文时，Metcalfe 认识到，虽然 Abramson 已经作了某些有疑问的假设，但通过优化后可以把 ALOHA 系统的效率提高到近 100%。

1972 年年底，Metcalfe 和 David Boggs 设计了一套网络，将不同的 ALTO 计算机连接起来，接着又把 NOVA 计算机连接到 EARS 激光打印机。在研制过程中，Metcalfe 将其命名为 ALTO ALOHA 网络，因为该网络是以 ALOHA 系统为基础的，同时连接了众多 ALTO 计算机。这个世界上第一个个人计算机局域网络——ALTO ALOHA 网络在 1973 年 5 月 22 日开始运转。这一天，Mctcalfe 写了一段备忘录，称他已将该网络改名为以太网（Ethernet），其灵感来自"电磁辐射是可以通过发光的以太来传播的"这一想法。最初的实验型 PARC 以太网以 2.94 Mbit/s 的速度运行。

在 20 世纪 70 年代末，涌现出数十种局域网技术，而以太网正是其中一员。除了以太网外，当时最著名的网络有：数据通用公司的 MCA、网络系统公司的 Hyperchannel、Data'Point 公司的 ARCnet 和 Corvus 公司的 Omninet。使以太网最终坐上局域网宝座的不是它的技术优势和速度，而是 Metcalfe 版本的以太网已成为产业标准。

1979 年年初，施乐公司和 DEC 公司讨论共同建造以太网 LAN 的设想，结果却制定出将以太网转变成产业标准的计划。以太网技术被转到标准化组织——位于华盛顿特区的美国标准化局（NBS），其后，英特尔（Intel）公司的加入更是加速了以太网的发展。施乐公司提供技术，DEC 公司是以太网硬件的强有力的供应商，具有雄厚的技术力量，英特尔公司提供以太网芯片构件。1980 年 9 月 30 日，DEC、英特尔和施乐三家公司公布了第三稿的"以太网，一种局域网：数据链路层和物理层规范，1.0 版"，这就是现在著名的以太网蓝皮书，也称为 DIX 版以太网 1.0 规范。DIX 集团最初规定以太网在 20 Mbit/s 的速率下运行，最后降为 10 Mbit/s。在以后两年里，DIX 重新定义该标准，并在 1982 年公布了以太网 2.0 版规范作为终结。

在 DIX 开展以太网标准化工作的同时，世界性专业组织 IEEE 组成一个定义与促进工业 LAN 标准的委员会，并以办公室环境为主要目标，该委员会名叫 802 工程。DIX 集团虽已推出以太网规范，但还不是国际公认的标准，所以在 1981 年 6 月，IEEE802 工程决定组成 802.3 分委员会，以产生基于 DIX 集团工作成果的国家公认标准。一年半以后，即 1982 年 12 月 19 日，19 个公司宣布了新的 IEEE802.3 草稿标准。1983 年，该草稿最终以 IEEE10BASE5 面世。今天的以太网和 802.3 可以认为是同义词。

20 世纪 80 年代中期，个人计算机的革命浪潮已势不可挡。1986 年，个人计算机在应用程序的驱动下销售蒸蒸日上。同时人们希望共享昂贵的激光打印机来印刷他们的电子表格和出版物，恰逢网络销售也特别红火，因此以太网再度掀起发展的高潮。

1986 年，SynOptics 开始在 UTP 电话线上运行 10 Mbit/s 以太网的研究工作。名为 LATTIS NET 的第一个 SynOptics 产品于 1987 年 8 月 17 日正式投放市场。同一天，IEEE802.3 工作组讨论在 UTP 上实现 10 Mbit/s 以太网的最好方法，后来被命名为 10BASE－T。最后 IEEE 同意以 HP 多端口中继器方案和改进型的 SynOptics LATTISNET 技术为基础进行标准化。1990 年，新 802.3i/10BASE－T 标准正式通过。次年以太网的销量增了将近 1 倍，其魅力在于新的 10BASE－T 中继器、双绞线介质附属件（MAU）和 NIC 网络接口卡。

20 世纪 90 年代初，随着计算机性能的提高及通信量的剧增，传统局域网已经越来越不胜负荷，交换式以太网技术应运而生，大大提高了局域网的性能。与现在基于网桥和路由器的共享媒体的局域网拓扑结构相比，网络交换机能显著地增加带宽。使用交换技术，可以建立地理位置相对分散的网络，使局域网交换机的每个端口可平行、安全、同时地互相传输信息，而且使局域网可以高度扩充。

无线以太网连接是以太网的逻辑扩展。IEEE802.11 标准自 1999 年发布以来已成为无线局域网的主要标准。802.11b 高速标准目前已被绝大多数无线设备厂商采用，数据速率高达 11 Mbit/s。它的出现为早期部署无线局域网的企业以及家庭网络应用提供了一种选择。IEEE802.11a 标准随之出现，它为新一代无线局域网提供更快的数据速率、更长的覆盖距离以及更高的安全性。多种新型无线设备要求能够接入企业网和广域网，这扩大了无线以太网解决方案的应用范围。其中包括配置无线网卡的便携式计算机和台式计算机、带有内建无线设备的 PDA 和掌上电脑、互联网接入应用和 VOIP 电话。

作为历史最悠久的网络技术之一，以太网技术将继续向前发展，利用其出色的性价比、灵活性和互操作性提供新的经验证的优势。与大多数技术解决方案一样，成本始终是决定以太网技术过渡速度的重要因素。诸如思科、英特尔等以太网组件领先供应商，将继续在推动以太网技术重大转变和发展趋势中发挥重要作用。不断涌现的新产品和构建模块将提供卓越的性价比特性和优势，而客户将最终从中受益。

【项目小结】

（1）计算机网络是指利用通信设备和线路将多个具有独立工作能力的计算机系统连接起来，并由功能完善的网络软件按照统一的规则或约定（称为网络协议）进行数据通信，最终实现资源共享的信息系统。

（2）按照计算机网络覆盖范围的不同，可将计算机网络分为局域网、城域网和广域网。

（3）常用的网络设备有中继器、集线器、交换机、路由器、网桥和网关等。

（4）网络传输介质是网络中信息传递的载体，网络传输介质的性能直接影响网络的运行。网络传输介质可分为有线和无线两大类。目前，常用的有线网络传输介质有双绞线、同轴电缆、光纤等；常用的无线网络传输媒介包括无线电波、微波、红外线等。

通过本项目，我们对于计算机网络有了一个大概的了解，包括计算机网络中需要的设备、网络传输介质、网络类型。但是想要深入学习网络知识，我们还要借助于今后的项目。

【思考与练习】

一、填空题

1. 不管计算机网络多么复杂，它都是由（　　　　）、（　　　　）和（　　　　）三部分组成。

2. 常见的计算机网络拓扑结构有（　　　　）型、（　　　　）型、（　　　　）型和（　　　　）型。

3. 常用的网络设备有（　　　　）、（　　　　）、（　　　　）、（　　　　）、（　　　　）和（　　　　）等。

4. 常用的网络传输介质分为（　　　　）和（　　　　）两种。其中有线网络传输介质有（　　　　）、（　　　　）和（　　　　）等；无线网络传输介质有（　　　　）、（　　　　）和（　　　　）等。

二、问答题

请举出两个你身边局域网应用的例子。

三、观察题

实地考察你所在学校的校园网。

（1）校园网是不是一种局域网？

（2）校园网用到了哪些网络设备和网络传输介质？

四、能力提高题

1. 请尝试描述你所在学校校园网的构成（网络设备和网络传输介质）。

2. 请尝试绘制出你所在学校校园网的网络拓扑图。

项目二

计算机网络体系结构与网络协议

情景描述：为了满足现代化教育的需求，某校要对原有的计算机网络进行扩容，需要采购一批新的计算机，同样要对原来的网络进行升级，这时如果将新的计算机接入校园网，能否与原来的旧的计算机资源共享呢？联想一下，在Internet上计算机的型号、性能千差万别，如何使它们正常通信，并且实现资源共享呢？

【项目描述】

（1）了解计算机网络体系结构的作用；

（2）认识计算机网络协议在网络中所起的作用和所处的位置；

（3）认识开放系统互联参考模型；

（4）认识 TCP/IP。

【项目需求】

接入 Internet 的计算机（1 台）。

【相关知识点】

（1）计算机网络体系的定义和作用；

（2）计算机网络协议的定义和作用；

（3）开放系统互联参考模型；

（4）TCP/IP。

【项目分析】

一个功能完善的计算机网络具有复杂的结构。网络上的多台计算机间不断地交换数据信息和控制信息，但不同用户使用的计算机多种多样，不同类型的计算机有各自不同的体系结构、使用不同的编程语言、采用不同的数据存储格式、以不同的速率进行通信，彼此间并不兼容，通信也就非常困难。为了确保不同类型的计算机顺利地交换信息，必须遵守一些事先约定好的共同的规则。在计算机网络中用于规定信息的格式以及如何发送和接收信息的一套规则称为协议（Protocol）。

一个完善的计算机网络需要一系列网络协议构成一套完备的网络协议集。大多数计算机网络在设计时是划分为若干个相互联系而又各自独立的层次，然后针对每个层次及层次间的关系制定相应的协议。这样可以降低协议设计的复杂性。像这样的计算机网络层次结构模型及各层协议的集合称为计算机网络体系结构（Network Architecture）。

在理解计算机网络体系结构时，应充分注意到网络协议的层次机制及其合理性和有效性。层次结构中每一层都建立在下一层的基础上，下一层为上一层提供服务，上一层在实现本层功能时会充分利用下一层提供的服务。各层之间是相对独立的，高层无须知道低层是如何实现的，仅需要知道低层通过层间接口所提供服务的即可。当任何一层因技术进步发生变化时，只要接口保持不变，其他各层都不会受到影响。当某层提供的服务不再需要时，甚至可以将这一层取消。例如古代邮递员通过马匹传递信件，现代的邮递员通过摩托车、飞机传递信件，在这个过程中无须关注邮递员怎样完成信件传递，只需要关注邮箱的位置（即信件放在哪里给邮递员取）。

在计算机网络技术的发展过程中曾出现过多种网络体系结构。信息技术的发展在客观上提出了计算机网络体系结构标准化的需求，在此背景下产生了国际标准化组织（ISO）的开放式通信系统互联参考模型。

任务一　了解 OSI/RM

【任务描述】

（1）掌握 OSI/RM 的层次结构；
（2）描述数据在源和目标设备之间的传送过程。

【任务实施】

首先了解计算机网络体系结构的作用，在此基础上认识 OSI/RM，分析其每个层次的作用，了解数据在计算机网络中的传输过程。

【理论知识】

一、认识计算机网络体系结构

网络体系结构是指通信系统的整体设计，它为网络硬件、软件、协议、存取控制和拓扑结构提供标准。它广泛采用 ISO 在 1979 年提出的开放系统互连参考模型（OSI – Open System Interconnection Reference Model，OSI/RM）。

二、了解 OSI/RM

OSI/RM 是 ISO 提出的一个试图使各种计算机在世界范围内互连为网络的标准框架。这

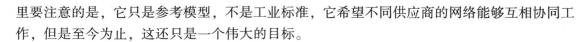

里要注意的是，它只是参考模型，不是工业标准，它希望不同供应商的网络能够互相协同工作，但是至今为止，这还只是一个伟大的目标。

【背景资料】

ISO 由来自世界上 100 多个国家的国家标准化团体组成。代表中国参加 ISO 的国家机构是中国国家技术监督局（CSBTS）。ISO 与国际电工委员会（IEC）有密切的联系。ISO 和 IEC 作为一个整体担负着制订全球协商一致的国际标准的任务。ISO 和 IEC 都是非政府机构，它们制订的标准实质上是自愿性的，这就意味着这些标准必须是优秀的标准，它们会给工业和服务业带来收益，所以它们自觉使用这些标准。ISO 和 IEC 不是联合国机构，但它们与联合国的许多专门机构保持技术联络关系。ISO 和 IEC 有约 1 000 个专业技术委员会和分委员会，各会员国以国家为单位参加这些技术委员会和分委员会的活动。ISO 和 IEC 还有约 3 000 个工作组，ISO 和 IEC 每年制订和修订 1 000 个国际标准。

三、了解 OSI/RM 的结构

网络协议是计算机网络和分布系统中互相通信的对等实体间交换信息时所必须遵守的规则的集合。一个完整的网络协议至少具备如下三要素。

（1）语法（syntax）：包括数据格式、编码及信号电平等。

（2）语义（semantics）：包括用于协议和差错处理的控制信息。

（3）定时（timing）：包括速度匹配和排序。

为了降低网络设计的复杂性，大多数网络都采用分层结构。对于不同的网络，层的数量、名字、内容和功能都不尽相同。在相同的网络中，一台机器上的第 N 层与另一台机器上的第 N 层可利用第 N 层协议进行通信，协议基本上是双方关于如何进行通信所达成的一致意见。

不同机器中包含的对应层的实体叫作对等进程。在对等进程利用协议进行通信时，实际上并不是直接将数据从一台机器的第 N 层传送到另一台机器的第 N 层，而是每一层都把数据连同该层的控制信息打包交给它的下一层，它的下一层把这些内容看作数据，再加上它这一层的控制信息一起交给更下一层，依此类推，直到最下层。最下层是物理介质，它进行实际的通信。相邻层之间有接口，接口定义下层向上层提供的原语操作和服务。相邻层之间要交换信息，对等接口必须有一致同意的规则。层和协议的集合被称为网络体系结构。

每一层中的活动元素通常称为实体，实体既可以是软件实体，也可以是硬件实体。第 N 层实体实现的服务被第 $N+1$ 层所使用。在这种情况下，第 N 层称为服务提供者，第 $N+1$ 层称为服务用户。

OSI/RM 是按照层的结构来规划网络的，OSI/RM 的结构如图 2 – 1 – 1 所示。

四、认识 OSI/RM 各层的作用

OSI/RM 为开放式互连信息系统提供了一种功能结构的框架，各对应层均有不同的协议内容，这些协议的集合就是 OSI 协议集。

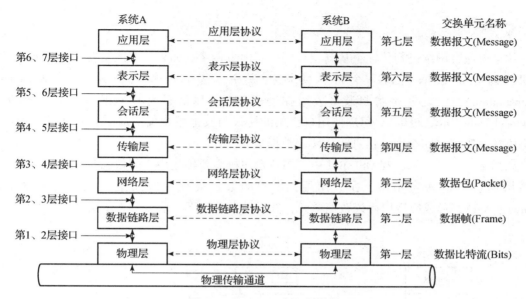

图 2 - 1 - 1 OSI/RM 的结构

物理层（Physical Layer）主要是处理机械的、电气的和过程的接口，以及物理层下的物理传输介质等。

数据链路层（Data Link Layer）的任务是加强物理层的功能，使其对网络层显示为一条无错的线路。

网络层（Network Layer）确定分组从源端到目的端的路由选择。路由可以选用网络中固定的静态路由表，也可以在每一次会话时决定，还可以根据当前的网络负载状况，灵活地对每一个分组分别进行决定。

传输层（Transport Layer）从会话层接收数据，并传输给网络层，同时确保到达目的端的各段信息正确无误，而且使会话层不受硬件变化的影响。通常，会话层每请求建立一个传输连接，传输层就会为其创建一个独立的网络连接。但如果传输连接需要较大的吞吐量，传输层也可以为其创建多个网络连接，让数据在这些网络连接上分流，以增大吞吐量。另一方面，如果创建或维持一个独立的网络连接不合算，传输层也可将几个传输连接复用到同一个网络连接上，以减少费用。除了多路复用，传输层还需要解决跨网络连接的建立和拆除问题，并具有流量控制机制。

会话层（Session Layer）允许不同机器上的用户之间建立会话关系，既可以进行类似传输层的普通数据传输，也可以用于远程登录到分时系统或在两台机器间传递文件。

表示层（Presentation Layer）用于完成一些特定的功能，这些功能由于经常被请求，因此人们希望有通用的解决办法，而不是由每个用户各自实现。

应用层（Application Layer）中包含了大量人们普遍需要的协议。不同的文件系统有不同的文件命名原则和不同的文本行表示方法等，不同的系统之间传输文件还有各种不兼容问题，这些都将由应用层处理。此外，应用层还有虚拟终端、电子邮件和新闻组等各种通用和专用的功能。

五、数据在网络中传输的过程

数据要通过网络进行传输，从高层一层一层向下传输，如果一个主机要传送数据到其他主机，则先把数据装到一个特殊协议报头中，这个过程叫作封装（encapsulate/encapsulation），反之就是解封装。数据在 OSI/RM 的每层都会被封装为协议数据单元（Protocol Data Unit，PDU）。每层使用自己层的协议与其他系统的对应层相互通信，协议层的协议在对等层之间交换的信息叫作协议数据单元。

如图 2 – 1 – 2 所示，在 OSI/RM 中，当一台主机需要传送用户的数据时，数据首先通过应用层的接口进入应用层。在应用层，用户的数据被加上应用层的报头（Application Header，AH），形成应用层协议数据单元，然后被发送到下一层——表示层。

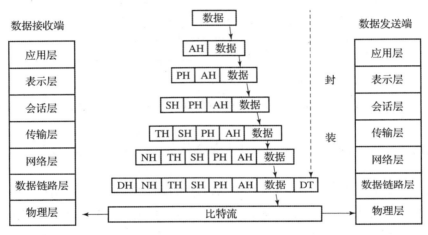

图 2 – 1 – 2　OSI/RM 中的数据封装

表示层并不需要理解上层——应用层的数据格式，而是把整个应用层递交的数据包看成一个整体进行封装，即加上表示层的报头（Presentation Header，PH），然后递交到下一层——会话层。

会话层、传输层、网络层、数据链路层也都要分别给上层递交下来的数据加上自己的报头。它们是：会话层报头（Session Header，SH）、传输层报头（Transport Header，TH）、网络层报头（Network Header，NH）和数据链路层报头（Data link Header，DH）。其中，数据链路层还要给网络层递交的数据加上数据链路层报尾（Data link Termination，DT）形成最终的一帧数据。

当一帧数据通过物理层传送到目标主机的物理层时，该主机的物理层把它递交到上一层——数据链路层。数据链路层负责去掉数据帧的帧头部 DH 和尾部 DT（同时进行数据校验）。如果数据没有出错，则递交到上一层——网络层。

同样，网络层、传输层、会话层、表示层、应用层也要做类似的工作。最终，原始数据被递交到目标主机的具体应用程序中。

回顾整个过程可以发现，在 OSI/RM 中，每个层次只需要知道如何对数据包进行封装和解封装之后交给下一层，对每个层次来说别的层次几乎是透明的，它的通信对象只是对方主机的同一层次。例如主机 A 和主机 B 进行通信，以它们的网络层为例进行说明。主机 A 将上一层传来的数据封装后，交给下一层的接口，对主机 A 的网络层而言，数据就已经传给了主机 B，至于数据接下来如何转换和传输，它不需要了解，主机 B 收到主机 A 的数据后进行解封，一直传输到主机 B 的网络层，主机 B 的网络层收到的数据包就和数据 A 网络层发出的数据包一样。这样，在主机 B 的网络层看来，似乎就是主机 A 的网络层直接和自己的网络层在通信。同样，主机 A 也只能看到主机 B 的网络层。

六、OSI/RM 的主要缺点

OSI/RM 并不是一个非常完美的网络体系，在 OSI/RM 中会话层和表示层几乎是空的，数据链路层和网络层所包含的内容太多，有很多子层插入，每个子层都有不同的功能。OSI/RM 以及相应的服务定义和协议都极其复杂，它们很难实现，有些功能，例如编址、流控制和差错控制，都会在每一层重复出现，必然降低系统的效率。

【知识拓展】

OSI/RM 推出的初衷是解决各个厂家、各个型号的计算机间的连接，当时各个厂家虽然都有自己的网络协议和网络结构，但只适合自家的产品，这就造成了各厂家之间的网络体系（包括协议和结构）不兼容。为了解决这个问题，ISO 组织就推出了 OSI/RM，并期望大众能为实现这个模型编写新的协议。OSI/RM 推出后马上遇到了 OSI 协议过于复杂、臃肿、效率低下，会话层和表示层基本没用；没有现成的代码（TCP/IP 发展于实验室及大学中，有大量可用的代码选择）；模型是由通信方面的人士主持制定的，他们几乎没有考虑到计算和通信的关系，并且某些决定对于计算机和软件的工作方式也完全不合适，实现模型的原语也不适合计算机和软件的工作方式；推出时处在研究期与商业投资期间的低谷（这一点极为关键，这导致已经将资金投入 TCP/IP 商业化的公司不愿再拿出钱来发展一个和 TCP/IP 差不多的东西）等问题。因此，它从一出生起就备受冷落，只有部分电信运营商使用了 ISO 协议。在这场可以说是争夺未来 Internet 核心的战争中 TCP/IP 取得了最后的胜利。

既然 ISO 协议在商业中已经失败，为什么许多计算机教材仍重点介绍 OSI/RM？首先，OSI 协议详细地划分了网络各层，定义了各层的功能，为人们理解网络结构提供了好的示例，也为网络设计提供了借鉴。可以说 OSI/RM 总结了前人在网络结构设计中的经验和教训，为网络设计提供了完整的模型。其次，Internet 没有一个完整、标准的模型，使用 OSI/RM 可以大致为 Internet 提供一个模型。参考 OSI/RM 可以将 IP 归入 OSI/RM 的网络层，将 TCP/UDP 归入 OSI/RM 的传输层。这种归纳其实是大致的，IP 和 TCP 有部分功能已经超出了 OSI/RM 的网络层和传输层的范围，因为 OSI/RM 毕竟不是为 Internet 协议而生的，完全以 OSI/RM 为基础研究网络是不可取的。

任务二 TCP/IP

【任务描述】

了解了 OSI/RM 之后，可以知道通过特定的网络体系，计算机之间可以正常通信。但是，OSI/RM 还只是一个参考框架，并没有完全被人们广泛应用。那么现实生活中人们所使用的是什么网络体系呢？它能保证计算机之间的正常通信吗？

如今 TCP/IP 是计算机网络中使用最为广泛的协议，通过本任务的学习可以了解网络体系在现实网络中的应用，同时通过对 TCP/IP 的学习，可以理解网络协议在现实生活中的具体应用。

【任务实施】

首先要了解 TCP/IP 的历史，知道 TCP/IP 是早于 OSI/RM 出现的；其次要了解 TCP/IP 与 OSI/RM 的联系和区别；最后对现实生活中的网络如何应用网络体系和网络协议进行学习。

【理论知识】

一、TCP/IP 简介

TCP/IP 是 Transmission Control Protocol/Internet Protocol 的简写，中译名为传输控制协议/因特网互联协议，又名网络通信协议，它是 Internet 最基本的协议、国际互连网络的基础，由网络层的 IP 和传输层的 TCP 组成。TCP/IP 定义了电子设备如何连入 Internet，以及数据在它们之间传输的标准。TCP/IP 采用 4 层的层级结构，每一层都呼叫它的下一层所提供的协议来完成自己的需求。通俗而言，TCP 负责发现传输的问题，一有问题就发出信号，要求重新传输，直到所有数据安全正确地被传输到目的地，而 IP 是给 Internet 的每一台连网设备规定一个地址。

TCP/IP 历史上有以下几个重要的里程碑。

（1）1970 年，ARPANET 主机开始使用网络控制协议（NCP）；

（2）1972 年，第一个 Telenet 标准 "Adhoc Telnet Protocol" 被作为 RPC318 提交；

（3）1973 年，采用 RFC454 "文件传输协议"；

（4）1974 年，传输控制协议（Transmission Control Protocol，TCP）被详细地描述；

（5）1981 年，IP 标准被作为 RFC791 公布；

（6）1982 年，国防通信研究局（DCA）和 ARPA 把 TCP 和 IP 作为 TCP/IP 协议集；

（7）1983 年，ARPANET 由 NCP 转向 TCP/IP；

（8）1984 年，采用域名系统 DNS。

二、TCP/IP 的作用

（1）TCP/IP 是供已连接 Internet 的计算机进行通信的通信协议。

（2）TCP/IP 定义了电子设备（比如计算机）如何连入 Internet，以及数据在它们之间传输的标准。

◈ 备注：

　　1970 年 12 月，S. Crocker 在加州大学洛杉矶分校领导的网络工作小组（NWG）中制定出网络控制协议（NCP）。最初，这个协议是作为信包交换程序的一部分来设计的，可是他们很快就意识到关系重大，还是把这个协议独立出来为好。

　　由于这个协议是局部使用的，不必考虑不同计算机、不同操作系统的兼容性问题，所以该协议较简单的多。虽然 NCP 是一台主机直接对另一台主机的通信协议，但实质上它是一个设备驱动程序。开始的时候，那些"接口信号处理机"被用在同样的网络条件下，相互之间的连接也就相对稳定，因此没有必要涉及控制传输错误的问题。

　　把各种不同类型、不同型号的计算机和网络连在一起非常困难，很多人都在研究怎样建立一个共同的标准，以让不同的网络中的计算机可以自由地沟通，于是产生了现在的 TCP/IP。

三、TCP/IP 的体系结构

　　TCP/IP 之所以流行，部分原因是它可以用于各种各样的信道和底层协议（例如 T1 和 X. 25、以太网以及 RS – 232 串行接口）。确切地说，TCP/IP 是一组包括 TCP 和 IP、UDP（User Datagram Protocol）、ICMP（Internet Control Message Protocol）和其他一些协议的协议组。TCP/IP 整体架构概述见表 2 – 2 – 1。

表 2 – 2 – 1　TCP/IP 整体架构概述

OSI/RM	TCP/IP		作用
应用层	应用层	Telnet，FTP，SMTP，DNS，HTTP 等应用协议	进行文件传输，提供电子邮件服务、文件服务，提供虚拟终端
表示层			进行数据格式化、代码转换、数据加密
会话层			解除或建立与其他接口的联系
传输层	传输层	TCP，UDP	提供端对端的接口
网络层	网络层	IP，ARP，RARP，ICMP	为数据包选择路由
数据链路层	网络接口层	各种通信网络接口（以太网等）（物理网络）	传输有地址的帧以及进行错误检测
物理层			以二进制数据形式在物理媒体上传输数据

四、TCP/IP 模型每层的作用

TCP/IP 并不完全符合 OSI/RM 的七层参考模型。传统的开放式系统互连参考模型是一种通信协议的 7 层抽象的参考模型，其中每一层执行某一特定任务。该模型的目的是使各种硬件在相同的层次上相互通信。这 7 层是：物理层、数据链路层、网络层、传输层、话路层、表示层和应用层。TCP/IP 采用了 4 层的层级结构，每一层都呼叫它的下一层所提供的网络来完成自己的需求。这 4 层分别如下。

应用层：应用程序间沟通的层，如简单电子邮件传输（SMTP）、文件传输协议（FTP）、网络远程访问协议（Telnet）等。

传输层：在此层中，它提供了节点间的数据传送服务，如传输控制协议（TCP）、用户数据报协议（UDP）等，TCP 和 UDP 给数据包加入传输数据并把它传输到下一层中，这一层负责传送数据，并且确定数据已被送达并接收。

网络层：负责提供基本的数据封包传送功能，让每一块数据包都能够到达目的主机（但不检查是否被正确接收），如网间协议（IP）。

网络接口层：对实际的网络媒体的管理，定义如何使用实际网络（如 Ethernet、Serial Line 等）来传送数据。

五、网络层协议

1. 网间协议 IP

IP 是英文 Internet Protocol 的缩写，意思是"网络之间互连的协议"，也就是为计算机网络相互连接进行通信而设计的协议。在 Internet 中，它是能使连接到 Internet 上的所有计算机网络实现相互通信的一套规则，规定了计算机在 Internet 上进行通信时应当遵守的规则。任何厂家生产的计算机系统，只要遵守 IP 就可以与 Internet 互连互通。正是因为有了 IP，Internet 才得以迅速发展成为世界上最大的、开放的计算机通信网络。因此，IP 也可以叫作"因特网协议"。

IP 是网络上信息从一台计算机传递到另一台计算机的方法或者协议。网络上每台计算机（主机）至少具有一个 IP 地址将其与网络上其他计算机区别开。当发送或者接收信息时，信息被分成几个信息包。每个信息包都包含了发送者和接收者的网络地址。信息包交给网关，网关按照信息包内包含的目的地址，将信息包送到下一个邻近的网关，下一个网关仍然读取目的地址，如此一直向前通过网络，直到有网关确认这个信息包属于其最紧邻或者其范围内的计算机，最终直接进入其指定地址的计算机。因为一个信息被分成了多个信息包，如果必要，每个信息包都能够通过网络的不同路径发送。信息包有可能没按照与它们发送时的顺序到达。IP 仅递送它们。另一个协议——传输控制协议 TCP 才是能够将它们按照正确顺序组合回原样的协议。

举例来说，IP 就像运输一个个零件的卡车，它们从相同或不同的路径到达接收方，交给 TCP 组装检查，如果有缺少或错误就通知发送方重新发送特定的零件，直到传输完成。

2. IP 地址

在 Internet 上连接的所有计算机,从大型机到微型计算机都是以独立的身份出现的,称为主机。为了实现各主机间的通信,每台主机都必须有一个唯一的网络地址,才不至于在传输资料时出现混乱。

Internet 是由无数台计算机互相连接而成的。要确认网络上的每一台计算机,靠的就是能唯一标识该计算机的网络地址,这个地址就叫作 IP 地址,即用 Internet 协议语言表示的地址。

目前,在 Internet 上,IP 地址是一个 32 位的二进制地址,为了便于记忆,将它们分为 4 组,每组 8 位,由点分开,用 4 个字节来表示,而且,用点分开的每个字节的数值范围是 0~255,如 192.168.0.1,这种书写方法叫作点数表示法。

IP 地址可确认网络中的任何一个网络和计算机,而其他网络或其中的计算机则是根据这些 IP 地址的分类来确定的。一般将 IP 地址按节点计算机所在网络规模的大小分为 A,B,C 三类,默认的子网掩码是根据 IP 地址中的第一个字段确定的。

1) A 类地址

A 类地址的表示范围为 1.0.0.0~126.255.255.255,默认子网掩码为 255.0.0.0。A 类地址分配给规模特别大的网络使用。A 类地址的第一组数字表示网络本身的地址,后面三组数字表示连接于网络上的主机的地址。A 类地址分配给具有大量主机(直接个人用户)而局域网个数较少的大型网络。

2) B 类地址

B 类地址的表示范围为 128.0.0.0~191.255.255.255,默认子网掩码为 255.255.0.0。B 类地址分配给一般的中型网络。B 类地址的第一、二组数字表示网络的地址,后面两组数字表示网络上的主机地址。

3) C 类地址

C 类地址的表示范围为 192.0.0.0~223.255.255.255,默认子网掩码为 255.255.255.0。C 类地址分配给小型网络,如一般的局域网,它可连接的主机数量是最少的,采用把所属的用户分为若干网段的方式进行管理。C 类地址的前三组数字表示网络的地址,最后一组数字表示网络上的主机地址。

RFC 1918(RFC 是 Request for Comments Document 的缩写,即 Internet 有关服务的一些标准)留出了 3 块 IP 地址空间(1 个 A 类地址段、16 个 B 类地址段、256 个 C 类地址段)作为私有的内部使用的地址。在这个范围内的 IP 地址不能被路由到 Internet 骨干网上,Internet 路由器将丢弃发往该私有地址的所有数据。IP 地址与 RFC 1918 内部地址范围的对应关系见表 2-2-2。

表 2-2-2　IP 地址与 RFC 1918 内部地址范围的对应关系

IP 地址类别	RFC 1918 内部地址范围
A 类	10.0.0.0~10.255.255.255

续表

IP 地址类别	RFC 1918 内部地址范围
B 类	172. 16. 0. 0 ~ 172. 31. 255. 255
C 类	192. 168. 0. 0 ~ 192. 168. 255. 255

使用私有地址将网络连至 Internet，需要将私有地址转换为公有地址。这个转换过程称为网络地址转换（Network Address Translation，NAT），通常使用路由器来执行 NAT 转换。

实际上，还存在 D 类地址和 E 类地址。这两类地址用途比较特殊，这里反作简单介绍：D 类地址称为组播地址，供特殊协议向选定的节点发送信息时用；E 类地址保留给将来使用。

连接到 Internet 上的每台计算机，不论其 IP 地址属于哪类都与网络中的其他计算机处于平等地位，因为只有 IP 地址才是区别计算机的唯一标识。因此，以上 IP 地址的分类只适用于网络分类。

在 Internet 中，一台计算机可以有一个或多个 IP 地址，就像一个人可以有多个通信地址一样，但两台或多台计算机却不能共享一个 IP 地址。如果有两台计算机的 IP 地址相同，则会引起异常现象，两台计算机都将无法正常工作。

几类特殊的 IP 地址如下。

（1）广播地址：目的端为给定网络上的所有主机，一般主机段为全 0。

（2）单播地址：目的端为指定网络上的单个主机地址。

（3）组播地址：目的端为同一组内的所有主机地址。

（4）环回地址（127.0.0.1）：在环回测试和广播测试时使用。

如今应用最广泛的 IP 地址版本是 IPv4。然而，IPv6 也已经开始使用了。IPv6 为更长的 IP 地址作准备，因此可以满足更多网络使用者的需要。IPv6 包括了 IPv4 的功能，任何支持 IPv6 信息包的服务器同样支持 IPv4 信息包。

IPv6 是 Internet Protocol Version 6 的缩写，也被称作下一代互联网协议，它是由 IETF 小组（Internet 工程任务组 Internet Engineering Task Force）设计的用来替代现行的 IPv4（现行的 IP）的一种新的 IP。

Internet 的主机都有一个唯一的 IP 地址，IP 地址用一个 32 位的二进制数表示一个主机号码，但 32 位地址资源有限，已经不能满足用户的需求，因此 Internet 研究组织发布新的主机标识方法，即 IPv6。在 RFC1884 中规定的标准语法建议把 IPv6 地址的 128 位（16 个字节）写成 8 个 16 位的无符号整数，每个整数用 4 个十六进制位表示，这些数之间用冒号（：）分开，例如 3ffe:3201:1401:1280:c8ff:fe4d:db39。

通俗地说，位于网络中的计算机需要唯一的数值来定位数据的来源和目标，这个数值就是 IP 地址。IP 地址只是 IP 的一个重要组成部分，但通常说的 IP 一般是 IP 地址，因为 IP 的其他部分都不需要人的参与就能完成。给每个计算机分配一个唯一的 IP 地址是网络稳定运行的基础。IP 地址的分配可以由网络管理员手工指定，也可以由 DHCP 服务器自动分配。

3. ARP 与 RARP

（1） ARP

ARP 是 Address Resolution Protocol 的缩写，中文名称为地址解析协议，它工作在数据链路层，用于将网络中的协议地址（当前网络中大多是 IP 地址）解析为本地的硬件地址（MAC 地址）。

注意：本书的协议地址以 IP 地址为例，硬件地址以 MAC 地址为例。

ARP 的工作流程如下。

首先，每台主机都会在自己的 ARP 缓冲区（ARP Cache）中建立一个 ARP 列表，以表示 IP 地址和 MAC 地址的对应关系。

当源主机需要将一个数据包要发送到目的主机时，会首先检查自己的 ARP 列表中是否存在该 IP 地址对应的 MAC 地址，如果有，就直接将数据包发送到这个 MAC 地址；如果没有，就向本地网段发起一个 ARP 请求的广播包，查询此目的主机对应的 MAC 地址。此 ARP 请求数据包里包括源主机的 IP 地址、MAC 地址，以及目的主机的 IP 地址。

网络中的所有主机收到这个 ARP 请求后，会检查数据包中的目的 IP 地址是否和自己的 IP 地址一致。如果不一致就忽略此数据包；如果一致，该主机首先将发送端的 MAC 地址和 IP 地址添加到自己的 ARP 列表中，如果 ARP 列表中已经存在该 IP 地址的信息，则将其覆盖，然后给源主机发送一个 ARP 响应数据包，告诉对方自己是它需要查找的 MAC 地址。

源主机收到这个 ARP 响应数据包后，将得到的目的主机的 IP 地址和 MAC 地址添加到自己的 ARP 列表中，并利用此信息开始数据的传输。如果源主机一直没有收到 ARP 响应数据包，则表示 ARP 查询失败。

（2） RARP

RARP 是 Reverse Address Resolution Protocol 的缩写，中文名称为逆向地址解析协议，它工作在数据链路层，用于将本地的硬件地址（MAC 地址）解析为网络中的协议地址（当前大多数是 IP 地址）。

RARP 的工作流程如下。

发送主机发送一个本地的 RARP 广播，在此广播包中，声明自己的 MAC 地址并且请求任何收到此请求的 RARP 服务器分配一个 IP 地址。

本地网段上的 RARP 服务器收到此请求后，检查其 RARP 列表，查找该 MAC 地址对应的 IP 地址。

如果该 IP 地址存在，RARP 服务器就给源主机发送一个响应数据包并将此 IP 地址提供给对方主机使用。

如果该 IP 地址不存在，则 RARP 服务器对此不做任何响应。

源主机收到 RARP 服务器的响应信息，就利用得到的 IP 地址进行通信；如果一直没有收到 RARP 服务器的响应信息，表示初始化失败。

4. ICMP

Internet 控制信息协议（ICMP）是 IP 组的一个整合部分。通过 IP 包传送的 ICMP 信息主要用于涉及网络操作或错误操作的不可达信息。ICMP 包发送是不可靠的，所以主机不能依靠接收 ICMP 包解决任何网络问题。ICMP 的主要功能如下。

（1）通告网络错误。比如，某台主机或整个网络由于某些故障不可达，如果有指向某个端口号的 TCP 或 UDP 包没有指明接收端，这由 ICMP 报告。

（2）通告网络拥塞。当路由器缓存太多包时，若传输速度无法达到它们的接收速度，将会生成"ICMP 源结束"信息。对于发送者，这些信息将会导致传输速度降低。当然，更多的"ICMP 源结束"信息的生成也将引起更多的网络拥塞，所以使用起来较为保守。

（3）协助解决故障。ICMP 支持 Echo 功能，即在两个主机间的一个往返路径上发送一个包。ping 是一种基于这种特性的通用网络管理工具，它将传输一系列包，测量平均往返次数并计算丢失百分比。

（4）通告超时。如果一个 IP 包的 TTL 降低到零，路由器就会丢弃此包，这时会生成一个 ICMP 包通告这一事实。

六、传输层协议

1. 传输控制协议 TCP

尽管通过安装 IP 软件保证了计算机之间可以发送和接收资料，但 IP 还不能解决资料分组在传输过程中可能出现的问题。因此，若要解决可能出现的问题，连至 Internet 的计算机还需要安装 TCP 来提供可靠的并且无差错的通信服务。

TCP 是一种端对端协议。这是因为它在两台计算机之间的连接中起到重要作用：当一台计算机需要与另一台远程计算机连接时，TCP 会让它们建立一个连接、发送和接收资料以及终止连接。

TCP 利用重发技术和拥塞控制机制，向应用程序提供可靠的通信连接，以便自动适应网络的各种变化。即使在 Internet 暂时出现堵塞的情况下，TCP 也能够保证通信的可靠。

因此，IP 只保证计算机能发送和接收分组资料，而 TCP 则可以提供一个可靠的、可流控的、全双工的信息流传输服务。

TCP 通过序列确认以及包重发机制，提供可靠的数据流发送和到应用程序的虚拟连接服务。与 IP 相结合，TCP 组成了 Internet 协议的核心。

由于大多数网络应用程序都在同一台机器上运行，所以必须确保目的主机上能从源主机处获得数据包，以及源主机能收到正确的回复。这是通过使用 TCP 的"端口号"完成的。网络 IP 地址和端口号结合成为唯一的标识，称为"套接字"或"端点"。TCP 通过在端点间建立连接或虚拟电路进行可靠通信。

2. 用户数据报协议 UDP

UDP 是一种无连接的传输层协议，提供面向事务的简单不可靠信息传送服务。由于大多数网络应用程序都同一台计算机上运行，所以在计算机上 UDP 数据对应不同的应用程序，这是通过使用 UDP 的"端口号"完成的。例如，如果一个工作站希望在工作站128.1.123.1 上使用域名服务系统，它就会给数据包一个目的地址（128.1.123.1），并在UDP 头插入目标端口号 53。源端口号标识了请求域名服务的本地主机的应用程序，同时需要将所有由目的站生成的响应包都指定到源主机的这个端口上。

与 TCP 不同，UDP 并不提供对 IP 的可靠机制、流控制以及错误恢复功能等。UDP 比较简单，UDP 头包含很少的字节，比 TCP 负载消耗少。

UDP 适用于不需要 TCP 可靠机制的情形，比如高层协议或应用程序提供错误和流控制功能。UDP 是传输层协议，服务于很多知名应用层协议，包括网络文件系统（NFS）协议、简单网络管理协议（SNMP）、域名系统（DNS）协议以及简单文件传输协议（TFTP）。

七、应用层协议

应用层向用户的应用程序提供接口，比如电子邮件、文件传输访问、远程登录等。远程登录软件使用 TELNET 协议提供在网络其他主机上注册的接口。文件传输访问软件使用 FTP 提供网络内主机间的文件拷贝功能。

应用层协议主要包括以下几个：FTP、Telnet 协议、DNS 协议、SMTP、NFS 协议、HTTP。

FTP（File Transfer Protocol）是文件传输协议，一般进行上传/下载时使用 FTP 服务，数据端口是 20，控制端口是 21。

Telnet 服务是用户远程登录服务，使用 23 端口，使用明码传送，保密性差，简单方便。

DNS（Domain Name Service）是域名解析服务，提供域名到 IP 地址之间的转换，使用端口 53。

SMTP（Simple Mail Transfer Protocol）是简单邮件传输协议，用来控制邮件的发送、中转，使用端口 25。

NFS（Network File System）是网络文件系统，用于网络中不同主机间的文件共享。

HTTP（Hypertext Transfer Protocol）是超文本传输协议，用于实现互联网中的 WWW 服务，最常使用的端口是 80。

八、测试 TCP/IP

安装网络硬件和网络协议之后，一般要进行 TCP/IP 测试工作。那么怎样测试才算比较全面呢？全面的测试应包括局域网和互联网两个方面，因此应从局域网和互联网两个方面测试，以下是在实际工作中利用命令行测试 TCP/IP 的步骤。

（1）选择"开始"→"运行"命令，在"运行"对话框中输入"cmd"后按 Enter 键，如图 2-2-1 所示，打开命令提示符窗口。

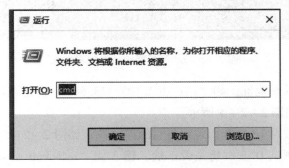

图 2-2-1　"运行"对话框

（2）检查 IP 地址、子网掩码、默认网关、DNS 服务器地址是否正确，输入命令"ipconfig/all"，按 Enter 键。此时显示网络配置，观察是否正确，如图 2-2-2 所示。

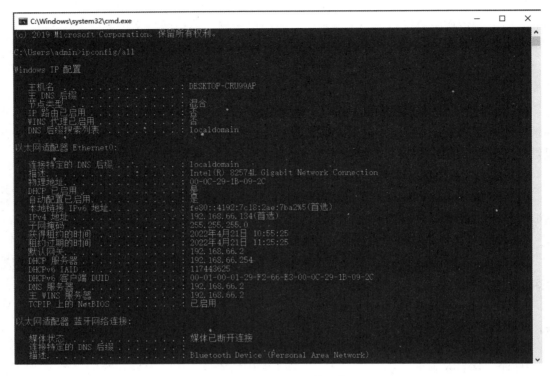

图 2-2-2 显示网络配置

（3）输入"ping 127.0.0.1"，观察网卡是否能转发数据，如果出现"Request timed out"，表明配置差错或网络有问题，如图 2-2-3 所示。

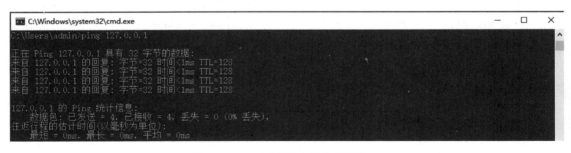

图 2-2-3 测试网卡转发数据情况

（4）ping 一个互联网地址，如"ping 202.102.128.68"，看是否有数据包传回，以验证与互联网的连通性，如图 2-2-4 所示。

（5）ping 一个局域网 IP 地址，观察与它的连通性，如图 2-2-5 所示。

（6）用 nslookup 测试 DNS 解析是否正确，输入如"nslookup www.baidu.com"，查看是否能解析，如图 2-2-6 所示。

图 2 – 2 – 4　测试与互联网的连通性

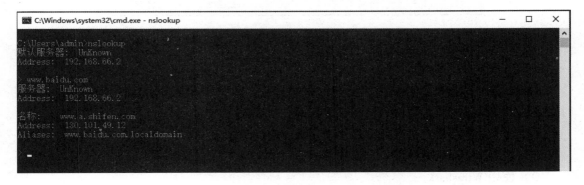

图 2 – 2 – 5　测试与局域网的连通性

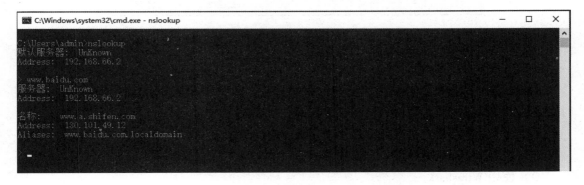

图 2 – 2 – 6　测试 DNS 解析是否正确

　　如果计算机通过了全部测试，则说明网络正常，否则网络可能存在不同程度的问题。在此不展开叙述。不过，要注意，在使用 ping 命令时，有些网站会在其主机设置丢弃 ICMP 数据包，造成 ping 命令无法正常返回数据包，此时不妨换个网址试试。

【知识拓展】

　　1. 监控 TCP 的"三次握手"

　　在 TCP/IP 中，TCP 提供可靠的连接服务，采用"三次握手"建立一个连接。

　　第一次握手：建立连接时，客户端发送 syn 包（syn $=j$）到服务器，并进入 SYN_SEND 状态，等待服务器确认。

第二次握手：服务器收到 syn 包，必须确认客户的 SYN（ack = j + 1），同时自己也发送一个 SYN 包（syn = k），即 SYN + ACK 包，此时服务器进入 SYN_RECV 状态。

第三次握手：客户端收到服务器的 SYN + ACK 包，向服务器发送确认包 ACK(ack = k + 1)，此包发送完毕，客户端和服务器进入 ESTABLISHED 状态，完成"三次握手"。

完成"三次握手"后，客户端与服务器开始传送数据。

2. 使用 Wireshark 抓取数据包

（1）下载安装 Wireshark，如图 2 - 2 - 7 所示。

图 2 - 2 - 7　Wireshark 安装界面

按照提示单击"Next"按钮，完成安装。

Wireshark 可以：①捕获网络流量进行详细分析；②利用专家分析系统诊断问题；③实时监控网络活动；④收集网络利用率和错误等。

安装完成后重启计算机即可以使用 Wireshark。

（2）启动 Wireshark。

（3）使用 Wireshark。

选择需要监控的网卡，然后单击"确定"按钮，如图 2 - 2 - 8 所示。

在默认情况下，Wireshark 会抓取已选择的网卡中进出的所有的数据包，显然，许多数据包并不是需要的，大量抓取数据包反而会带来困扰。首先对要抓取的数据包进行筛选，双击需要监听的网卡，开始抓取数据包，如图 2 - 2 - 9 所示。

打开浏览器，查看百度首页，如图 2 - 2 - 10 所示。

百度首页能正常显示，说明本机与百度网站之间的连接已经建立并且能正常传输数据，此时可以对结果进行分析，单击"停止"按钮以停止捕获分组，如图 2 - 2 - 11 所示。

显然，Wireshark 抓取了进出网卡的所有数据包，需要对结果进行筛选，只选取与 180. 101. 49. 12 相关的内容，在输入框中输入"180. 101. 49. 12"，如图 2 - 2 - 12 所示。

筛选结果如图 2 - 2 - 13 所示。

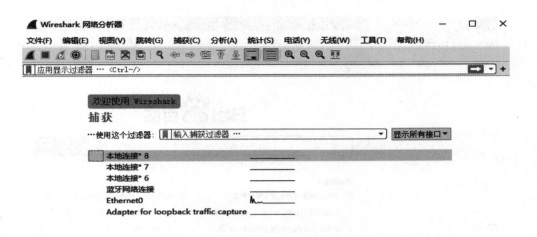

图 2 - 2 - 8 选择网卡

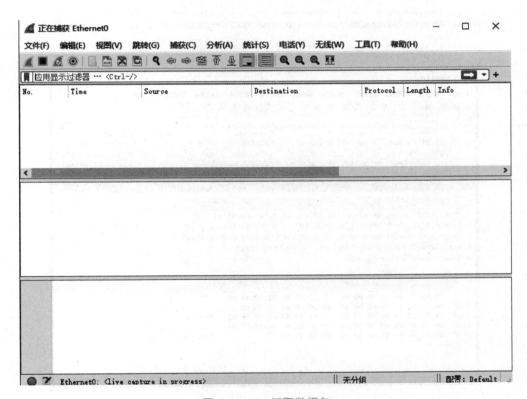

图 2 - 2 - 9 抓取数据包

图 2 - 2 - 10　查看百度首页

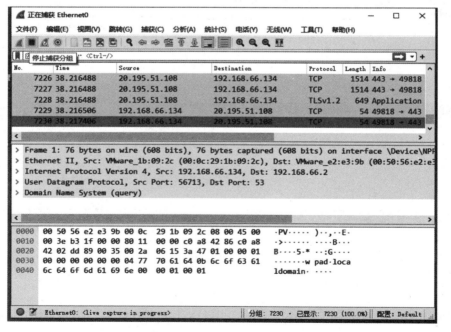

图 2 - 2 - 11　停止捕获分组

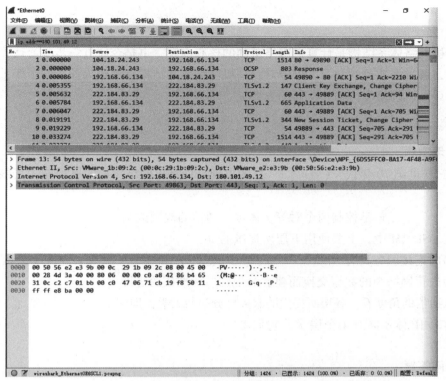

图 2 - 2 - 12　对结果进行筛选

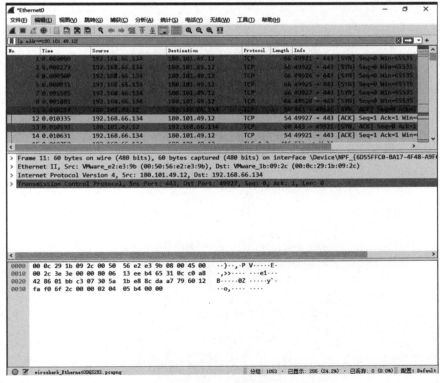

图 2 - 2 - 13　筛选结果

【项目小结】

计算机网络体系结构是计算机网络基础的核心内容，也是今后进一步学习计算机网络知识的基础，通过本项目的学习，可以对计算机网络体系结构有了较为深入的了解，也可以明白数据在计算机网络中传输和流通的方式。

【思考与练习】

一、填空题

1. 在 20 世纪 70 年代，（　　　　　　）的出现是计算机网络发展的里程碑，其核心技术是（　　　　）。

2. （　　　　　　）是控制两个对等实体进行通信的规则的结合。

3. 在 OSI/RM 中，上层使用下层所提供的（　　　　　　）。

4. 面向连接服务具有（　　　　）、（　　　　）和（　　　　）这三个阶段。

5. 为进行网络中的数据交换而建立的规则、标准或约定即（　　　　　　）。

6. 从通信的角度看，各层所提供的服务可分为两大类，即（　　　　）和（　　　　　　）。

7. TCP/IP 体系共有 4 个层次，它们是（　　　　　　）、（　　　　　　）、（　　　　　　）和（　　　　）。

二、问答题

1. 面向连接服务与无连接服务各自的特点是什么？

2. 开放系统互连参考模型中"开放"的含义是什么？

项目三

Windows常用网络命令

高效、快速地解决网络故障，是每一位网络管理人员都需要认真修习的"功课"。为了做好这门"功课"，网络管理人员总结出很多处理网络故障的经验。其中一条经验就是在排除网络故障过程中巧妙地运用各种网络命令能够起到事半功倍的效果。

【项目描述】（该项目的任务及目的）

对于网络管理员或计算机用户来说，了解和掌握几个实用的 Windows 网络命令有助于更好地使用和维护网络。可以在命令提示符下通过系统自带的网络命令来定位网络故障。本项目要求完成以下几个任务。

（1）明白 ping、ipconfig、tracert、netstat、arp、route 命令的功能；

（2）理解 ping、ipconfig、tracert、netstat、arp、route 命令常用参数的含义；

（3）学会使用 ping、ipconfig、tracert、netstat、arp、route 命令。

【项目需求】

实验设备和环境：由 2 台计算机组成并连接到 Internet 的局域网。将这 2 台计算机的 IP 地址设为 192.168.2.1 和 192.168.2.2。

【相关知识点】

（1）TCP/IP 参考模型；

（2）常用 ping、ipconfig、tracert、netstat、arp、route 网络命令的使用方法。

【项目分析】

本项目逐次介绍以下网络命令。

（1）ping 命令；

（2）ipconfig 命令；

（3）tracert 命令；

（4）netstat 命令；

（5）arp 命令；

（6）router 命令。

任务一　ping 命令的使用

ping 命令是最常用的网络命令。它是用来检查网络是否通畅和测试网络连接速度的命令。对于网络管理员来说，ping 命令是第一个必须掌握的网络命令。

【任务描述】

ping 命令的原理如下。网络上的主机都有唯一确定的 IP 地址，向目标 IP 地址发送一个数据包，对方就要返回一个同样大小的数据包，根据返回的数据包可以确定目标主机的存在以及初步判断目标主机的操作系统等。利用 ping 命令可以检查网络是否能够连通，它可以很好地帮助人们分析和判定网络故障。

【任务实施】

步骤 1：选择"开始"选项，在搜索框中输入"cmd"，进入命令解释程序。

步骤 2：输入"ping 127.0.0.1"，如图 3 – 1 – 1 所示。

这个 ping 命令用来测试本机 TCP/IP。如果不通，就表示 TCP/IP 的安装或运行存在某些最基本的问题。

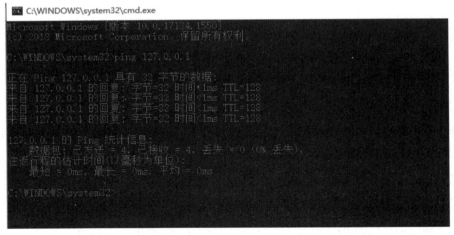

图 3 – 1 – 1　使用"ping 127.0.0.1"命令

步骤 3：输入"ping 　192.168.2.1"（本机 IP 地址）。

这个命令用来测试本机网络配置。计算机始终都应该对该 ping 命令作出应答，如果没有，则表示本地配置或安装存在问题。出现此问题时，先断开网络电缆，然后重新发送该命令。如果网线断开后本命令正确，则表示另一台计算机可能配置了相同的 IP 地址。

步骤 4：输入"ping 192.168.2.2"（局域网内其他 IP 地址）。

这个命令的作用是离开本计算机，经过网卡及网络电缆到达其他计算机，再返回。收到回送应答表明本地网络运行正常。如果收到 0 个回送应答，那么表示子网掩码不正确或网卡配置错误或网络传输有问题。

步骤 5：输入"ping www. baidu. com"，如图 3 – 1 – 2 所示。

对域名执行 ping 命令，通常通过 DNS 服务器进行。如果该命令运行不正确，则表示 DNS 服务器的 IP 地址配置不正确或 DNS 服务器有故障。

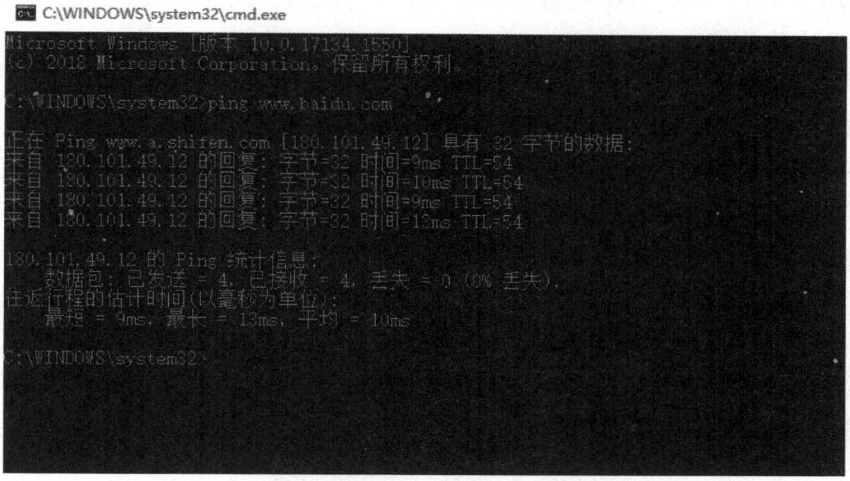

图 3 – 1 – 2　使用"ping www. baidu. com"命令

【理论知识】

一、TCP/IP 参考模型简介

TCP/IP 是一种网络通信协议，它规范了网络上的所有通信设备，尤其是一个主机与另一个主机之间的数据往来格式以及传送方式。TCP/IP 是 Internet 的基础协议，也是一种计算机数据打包和寻址的标准方法。

美国国防部高级研究局（DARPA）为实现异种网络之间的互连与互通，大力资助互联网技术的开发，于 1977—1979 年推出了目前的 TCP/IP 参考模型。TCP/IP 参考模型也称为 TCP/IP 协议栈。ISO 制定的 OSI/RM 过于庞大、复杂，招致许多批评和非议。而结构简单、功能实用的 TCP/IP 参考模型获得了更为广泛的应用。

鉴于 TCP/IP 参考模型是由 TCP/IP 所构成，而不仅是 TCP 和 IP 两种协议，而且有些协议并没有严格的分层界限，所以 TCP/IP 参考模型的结构分层并不太统一。最通用的分层方法是将 TCP/IP 分为 4 层：应用层、传输层、网络层、网络接口层。

传输层提供了节点间的数据传送服务，如 TCP、UDP 等，TCP 和 UDP 在数据包中加入传输数据并将其传输到下一层，这一层负责传送数据，并且确定数据已被送达并接收。

1. TCP

如果 IP 数据包中有已经封好的 TCP 数据包，那么 IP 将把它们向"上"传送到传输层。TCP 将数据包排序并进行错误检查，同时实现虚电路间的连接。TCP 数据包中包括序号和确认信息，所以未按照顺序收到的数据包可以被排序，而损坏的数据包可以被重传。

TCP 将它的信息送到更高层的应用程序，例如 Telnet 的服务程序和客户程序。应用程序轮流将信息送回传输层，传输层便将它们向下传送到网络层，经设备驱动程序和物理介质，最后到达接收方。

面向连接的服务（例如 Telnet、FTP、rlogin、X Windows 和 SMTP）需要高度的可靠性，所以它们使用了 TCP。DNS 在某些情况下使用 TCP（发送和接收域名数据库），但使用 UDP 传送有关单个主机的信息。

2. UDP

UDP 与 TCP 位于同一层，但它不管数据包的顺序、是否错误或重发。因此，UDP 不被应用于那些使用虚电路的面向连接的服务，UDP 主要用于那些面向查询 – 应答的服务，例如 NFS。相对于 FTP 或 Telnet，这些服务需要交换的信息量较小。使用 UDP 的服务包括 NTP（网络时间协议）和 DNS（DNS 也使用 TCP）。

欺骗 UDP 包比欺骗 TCP 包更容易，因为 UDP 没有建立初始化连接（也可以称为"握手"）（因为在两个系统间没有虚电路），也就是说，与 UDP 相关的服务面临更大的危险。

网络互连层负责提供基本的数据封包传送功能，让每一块数据包都能够到达目的主机（但不检查是否被正确接收），如 IP。

1）IP

IP 是 TCP/IP 的心脏，也是网络层中最重要的协议。

网络层接收由更低层（网络接口层，例如以太网设备驱动程序）发来的数据包，并把该数据包发送到更高层——传输层；相反，网络层也把从传输层接收来的数据包传送到更低层。IP 数据包是不可靠的，因为 IP 并没有做任何事情来确认数据包是否按顺序发送或者是否被破坏。IP 数据包中含有发送它的主机的 IP 地址（源地址）和接收它的主机的 IP 地址（目的地址）。

高层的 TCP 和 UDP 服务在接收数据包时，通常假设包中的源地址是有效的。也可以这样说，IP 地址形成了许多服务的认证基础，这些服务相信数据包是从一个有效的主机发送来的。IP 确认包含一个选项，叫作 IP source routing，它可以用来指定一条源地址和目的地址之间的直接路径。对于一些 TCP 和 UDP 的服务来说，使用了该选项的 IP 包好像是从路径上的最后一个系统传递过来的，而不是来自它的真实地点。这个选项是为了测试而存在的，说明它可以被用来欺骗系统以进行平常被禁止的连接。那么，许多依靠源地址做确认的服务将产生问题并且会被非法入侵。

2）IP 地址

所谓 IP 地址，就是给每个连接在 Internet 上的主机分配的一个 32 bit 地址。

按照 TCP/IP 的规定，IP 地址用二进制表示，每个 IP 地址长 32 bit，即 4 个字节。例如一个采用二进制形式的 IP 地址是"00001010000000000000000000000001"，这么长的地址，处理起来十分烦琐。为了方便人们使用，IP 地址经常被写成十进制的形式，中间使用符号"."分开不同的字节。于是，上面的 IP 地址可以表示为"10.0.0.1"。IP 地址的这种表示法叫作"点分十进制表示法"，这显然比二进制形式容易记忆。

将 IP 地址分成网络号和主机号两部分，设计者就必须决定每部分包含多少位。网络号的位数直接决定了可以分配的网络数；主机号的位数则决定了网络中最大的主机数。然而，由于整个互联网所包含的网络规模可能比较大，也可能比较小，设计者最后聪明地选择了一种灵活的方案：将 IP 地址空间划分成不同的类别，每一类别具有不同的网络号位数和主机号位数。

3）MAC 地址

MAC（Media Access Control，介质访问控制）地址是烧录在网卡里的，也叫作硬件地址，是由 48 bit 长（6 字节）的 16 进制的数字组成的。0 ~ 23 位叫作组织唯一标志符（organizationally unique），是识别局域网节点的标识；24 ~ 47 位由厂家自己分配，其中第 40 位是组播地址标志位。网卡的物理地址通常是由网卡生产厂家烧入网卡的 EPROM（一种闪存芯片，通常可以通过程序擦写），它存储的是传输数据时真正赖以标识发出数据的主机和接收数据的主机的地址。

也就是说，在网络底层的物理传输过程中，是通过物理地址识别主机的，它一般也是全球唯一的。比如，著名的以太网卡，其物理地址是 48 bit（比特位）的整数，如 44 – 45 – 53 – 54 – 00 – 00，以机器可读的方式存入主机接口。以太网地址管理机构——电气和电子工程师协会（IEEE）将以太网地址，也就是 48 bit 的不同组合，分为若干独立的连续地址组，生产以太网卡的厂家购买其中一组，具体生产时，逐个将唯一地址赋予以太网厂卡。

形象地说，MAC 地址就如同人们的身份证号码，具有全球唯一性。

二、ping 命令

ping 命令用来检测一帧数据从当前主机传送到目的主机所需要的时间。它通过发送一些小的数据包，并接收应答信息来确定两台计算机之间的网络是否连通。当网络运行中出现故障时，采用 ping 命令来预测和确定故障源是非常有效的。如果执行 ping 命令不成功，则可以预测故障出现在以下几个方面：网线不连通、网卡配置不正确、IP 地址不可用等；如果执行 ping 命令成功而网络仍无法使用，那么问题很可能出在网络系统的软件配置方面。ping 命令执行成功只能保证当前主机与目的主机之间存在一条连通的物理路径。它提供了许多参数，如 – t 使当前主机不断向目的主机发送数据，直到使用 "Ctrl + C" 组合键中断； – n 可以确定向目的主机发送的次数等。

ping 命令的格式如下：

ping[– t][– a][– n count][– l size][– f][– i TTL][– v TOS][– r count][– s count] [[– j host – list]|[– k host – list]][– w timeout]destination – list

参数如下。

– t，使当前主机不断向目的主机发送数据，直到使用 "Ctrl + C" 组合键中断。

– a，以 IP 地址格式（不是主机名形式）显示网络地址。

– n count，指定要执行多少次 ping 命令，其中 count 为正数值。

– l size，发送包含由 size 指定的数据量的数据包，默认为 32 字节，最大值是 65 527。

– f，在数据包中发送 "不要分段" 标志。数据包不会被路由上的网关分段。

－i TTL，将"生存时间"字段设置为 TTL 指定的值。TTL 是指在停止到达的地址前应经过多少个网关。

－v TOS，将"服务类型"字段设置为 tos 指定的值。

－r count，指出要记录路由的轮数（去和回）。

－s count，指定当使用－r 参数时，用于每一轮路由的时间。

－j host－list，指定希望分组的路由。

－k host－list，与－j 参数基本相同，只是不能使用额外的主机。

－w timeout，指定超时间隔，单位为 ms，默认值为 1 000。

一般使用较多的参数为－t、－n、－w。如果需要查询 ping 命令的参数，可以在命令提示符号下输入"ping/？"。

例如：如果 ping 某一网络地址 www.baidu.com，出现"来自 180.101.49.11 的回复：字节 ＝32 时间 ＝9ms TTL ＝54"，则表示本机与该网络地址之间的线路是通畅的；如果出现"Request timed out"，则表示此时发送的小数据包不能到达目的地，此时可能有两种情况，一种是网络不通，另一种是网络连通状况不佳。此时可以使用带参数的 ping 命令来确定是哪一种情况。

例如，"ping www.163.com －t －w 3000"命令不断地向目的主机发送数据，并且响应时间延长到 3 000 ms，此时如果全部显示"Reply timed out"，则表示网络之间确实不通，如果不是全部显示"Reply timed out"，则表示网络还是通的，只是响应时间长或通信状况不佳。

任务二　ipconfig 命令的使用

【任务描述】

ipconfig 命令用于显示当前的 TCP/IP 配置的设置值，这些信息一般用来检验人工配置的 TCP/IP 设置是否正确。如果计算机及其所在的局域网使用了 DHCP，ipconfig 命令也可以帮助了解计算机当前的 IP 地址、子网掩码和默认网关。ipconfig 命令实际上是进行测试和故障分析的必要项目。

【任务实施】

使用 ipconfig 命令的步骤如下。

步骤 1：在命令解释程序中输入"ipconfig"（不带任何参数选项），如图 3－2－1 所示。

若使用 ipconfig 命令时不带任何参数选项，则显示每个已经配置接口的 IP 地址、子网掩码和缺省网关值。

步骤 2：在命令解释程序中输入"ipconfig /all"，如图 3－2－2 所示。

当使用 all 选项时，ipconfig 命令能为 DNS 和 WINS 服务器显示已配置且所要使用的附加信息（如 IP 地址等），并且显示内置于本地网卡中的 MAC 地址。如果 IP 地址是从 DHCP 服务器租用的，ipconfig 命令将显示 DHCP 服务器的 IP 地址和租用地址预计失效的日期。

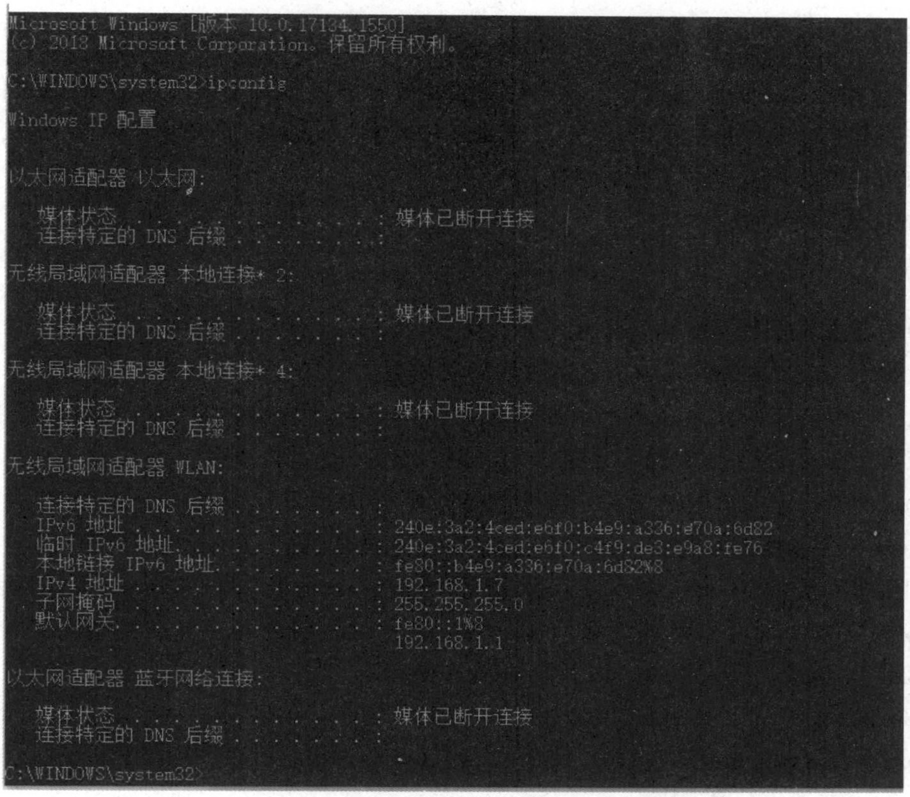

图 3-2-1　使用 ipconfig 命令（1）

图 3-2-2　使用 ipconfig 命令（2）

【理论知识】

ipconfig 命令是很基础的命令，其主要功能是显示用户所在主机内部的 IP 配置信息等资料，可以查看本机的网络适配器的 MAC 地址、IP 地址、子网掩码以及默认网关等，它是判断本机的相关参数设置是否正确的常用命令。

ipconfig 的命令格式如下：

```
ipconfig[/?|/all|/release[adapter]|/renew[adapter]]
```

其中的参数说明如下。

/?，显示 ipconfig 命令的格式和参数的英文说明。

/all，显示与 TCP/IP 相关的所有细节信息，其中包括测试的主机名、IP 地址、子网掩码、节点类型、是否启用 IP 路由、网卡的 MAC 地址、默认网关等。

/renew，为指定的适配器（或全部适配器）更新 IP 地址（只适用于 DHCP）。

/release，为指定的适配器（或全部适配器）释放 IP 地址（只适用于 DHCP）。

使用不带参数的 ipconfig 命令可以得到以下信息：IP 地址、子网掩码、默认网关。使用"ipconfig/all"命令则可以得到更多信息：主机名、DNS 服务器、节点类型、网卡 MAC 地址、主机的 IP 地址、子网掩码，以及默认网关等。

例如：执行"C:\>ipconfig"命令，显示如下。

Windows IP Configuration

Ethernet adapter 本地连接：

Connection – specific DNS Suffix . :

IP Address. . . . . : 192. 168. 0. 14

Subnet Mask . . . . : 255. 255. 255. 0

Default Gateway . . . . : 192. 168. 0. 1

任务三　tracert 命令的使用

【任务描述】

本任务介绍 tracert 命令的使用。如果有网络连通性问题，可以使用 tracert 命令来检查到达的目标 IP 地址的路径并记录结果。tracert 命令显示用于将数据包从计算机传递到目标位置的一组 IP 路由器，以及每个跃点所需的时间。如果数据包不能传递到目标，tracert 命令将显示成功转发数据包的最后一个路由器。tracert 命令一般用来检测故障的位置，可以用"tracert IP 地址"命令确定在哪个环节上出了问题。

【任务实施】

使用 tracert 命令的步骤如下。

步骤 1：在命令解释程序中输入"tracert　www. baidu. com"，如图 3 – 3 – 1 所示。

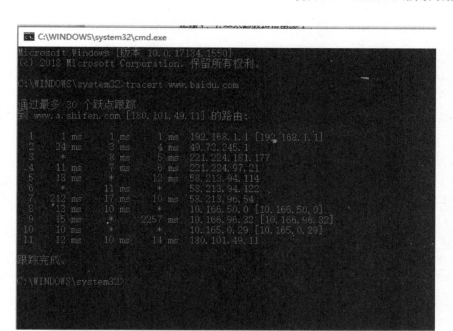

图 3 – 3 – 1　使用 tracert 命令

【理论知识】

tracert 命令的功能是判定数据包到达目的主机所经过的路径、显示数据包经过的中继节点清单和到达时间。

tracert 命令的格式如下：

```
tracert [ - d] [ - h maximum_hops] [ - j host - list] [ - w timeout] target_name
```

参数说明如下。

– d，不解析主机名。

– h maximum_ hops，指定搜索到目的地地址的最大轮数。

– j host – list，沿着主机列表释放路由。

– w，指定超时时间间隔（单位为 ms）。

任务四　netstat 命令的使用

【任务描述】

netstat 能够按照各个协议分别显示其统计数据。如果应用程序（如 Web 浏览器）的运行速度比较慢，或者不能显示 Web 页之类的数据，可以用 netstat 命令查看所显示的信息。仔细查看统计数据的各行，找到出错的关键字，进而确定问题所在。

【任务实施】

使用 netstat 命令的步骤如下。

步骤1：使用"netstat－s"命令，按各个协议进行统计，如图3－4－1所示。

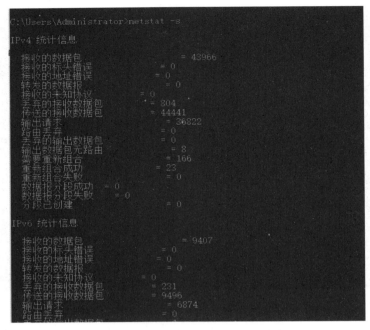

图3－4－1　使用"netstat－s"命令

步骤2：使用"netstat－n"命令，以数字形式显示IP地址和端口号，如图3－4－2所示。

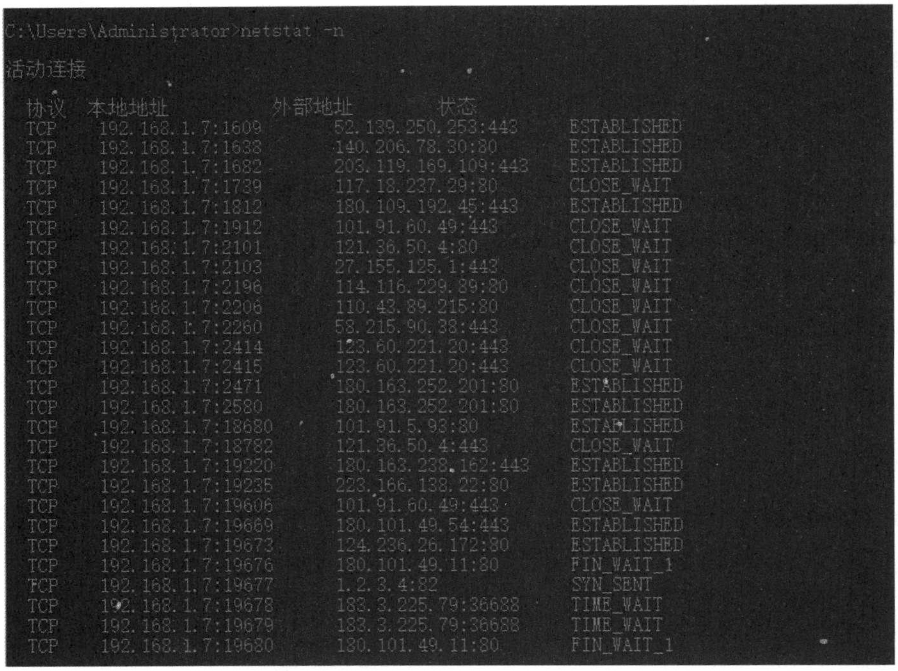

图3－4－2　使用"netstat－n"命令

【理论知识】

netstat 命令的功能是显示网络连接、路由表和网络接口信息，可以让用户得知目前有哪些网络连接正在运行。

netstat 命令的一般格式如下：

```
netstat [ -a][ -e][ -n][ -s][ -p proto][ -r][interval]
```

参数说明如下。

-a，显示所有主机的端口号，包括正在监听的端口。

-e，显示以太网统计信息。

-n，以数字表格形式显示 IP 地址和端口。

-s，显示每个协议的使用状态（包括 TCP、UDP、IP）。

-p proto，显示特定协议的具体使用信息。

-r，显示本机路由表的内容。

例如，查看本机有哪些端口正在通信，可以使用"netstat -an"命令，如图 3 -4 -3 所示。

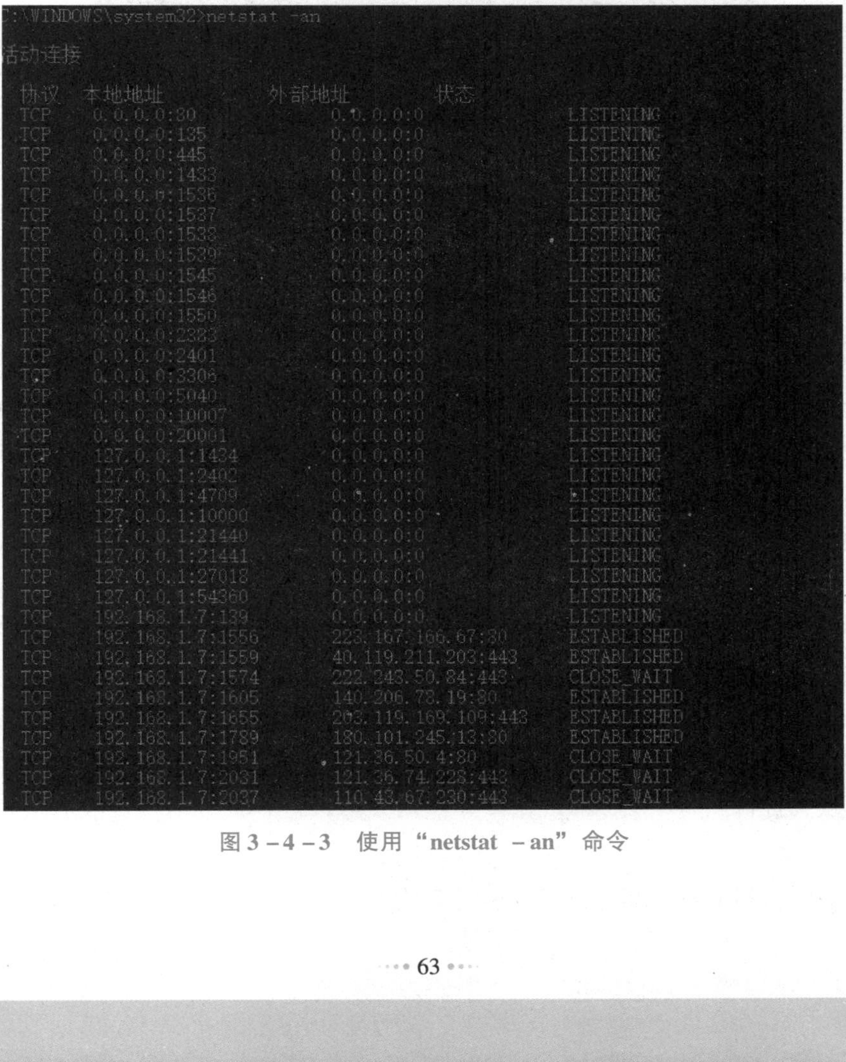

图 3 -4 -3　使用"netstat -an"命令

任务五 arp 命令的使用

【任务描述】

使用 arp 命令能够查看本机或另一台计算机的 ARP 高速缓存中的当前内容。此外，使用 arp 命令，也可以用人工方式输入静态的网卡 MAC 地址或 IP 地址。可以对缺省网关和本地服务器等常用主机进行这项操作，以减少网络上的信息量。

【任务实施】

步骤 1：arp 常用命令选项为 arp – a 或 arp – g。

在命令解释程序中输入 "arp – a"，如图 3 – 5 – 1 所示。

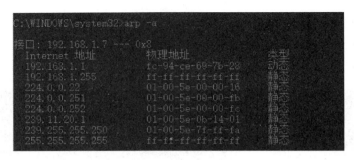

图 3 – 5 – 1 使用 "arp – a" 命令

【理论知识】

一、ARP

网络接口层是 TCP/IP 参考模型中的最底层，包括有多种逻辑链路控制和媒体访问控制协议。在对实际网络媒体的管理中，定义如何使用实际网络（如 Ethernet、Serial Line 等）来传送数据。在这层中有一个重要的协议——ARP。

1. ARP 简介

ARP 是 Address Resolution Protocol（地址解析协议）的缩写。在局域网中，网络中实际传输的是 "帧"，帧中有目标主机的 MAC 地址。在以太网中，一个主机要和另一个主机进行直接通信，必须要知道目标主机的 MAC 地址。这个目标 MAC 地址是如何获得的呢？它是通过 ARP 获得的。所谓 "地址解析"，就是主机在发送帧前将目标 IP 地址转换成目标 MAC 地址的过程。ARP 的基本功能就是通过目标设备的 IP 地址，查询目标设备的 MAC 地址，以保证通信的顺利进行。

2. ARP 报文格式

在以太网中，ARP 报文格式如图 3 – 5 – 2 所示。

硬件类型		协议类型
硬件地址长度	协议长度	操作
发送方首部（8 位组 0~3）		
发送方首部（8 位组 4~5）		发送方 IP 地址（8 位组 0~1）
发送方 IP 地址（8 位组 2~3）		目的首部（8 位组 0~1）
目的首部（8 位组 2~5）		
目的 IP 地址（8 位组 0~3）		

图 3-5-2 ARP 报文格式

（1）硬件类型指明发送方想知道的硬件接口类型。对于以太网，其值为 1。

（2）协议类型指明发送方提供的高层协议地址类型。对于 TCP/IP 互联网，采用 IP 地址，其值为十六机制的 0806。

（3）操作指明 ARP 的操作类型，ARP 请求为 1，ARP 响应为 2，RARP 请求为 3，RARP 响应为 4。RARP 在后面的项目中介绍。

（4）在以太网环境下的 ARP 报文，硬件地址为 48 位（6 个 8 位组）。

3. ARP 的作用

要理解 ARP 的作用，必须理解数据在网络上的传输过程。这里举一个简单的例子。

主机 A 的 IP 地址为 192.168.1.1，MAC 地址为 0A-11-22-33-44-01。

主机 B 的 IP 地址为 192.168.1.2，MAC 地址为 0A-11-22-33-44-02。

当主机 A 要与主机 B 通信时，ARP 可以将主机 B 的 IP 地址（192.168.1.2）解析成主机 B 的 MAC 地址，工作流程如下。

第 1 步：根据主机 A 上的路由表内容，IP 确定用于访问主机 B 的转发 IP 地址是 192.168.1.2。然后主机 A 在自己的本地 ARP 缓存中检查主机 B 的匹配 MAC 地址。

第 2 步：如果主机 A 在 ARP 缓存中没有找到映射，它将询问 192.168.1.2 的 MAC 地址，从而将 ARP 请求帧广播到本地网络上的所有主机。源主机 A 的 IP 地址和 MAC 地址都包括在 ARP 请求中。本地网络上的每台主机都接收到 ARP 请求并且检查是否与自己的 IP 地址匹配。如果主机发现请求的 IP 地址与自己的 IP 地址不匹配，它将丢弃 ARP 请求。

第 3 步：若主机 B 确定 ARP 请求中的 IP 地址与自己的 IP 地址匹配，则将主机 A 的 IP 地址和 MAC 地址映射添加到本地 ARP 缓存中。

第 4 步：主机 B 将包含其 MAC 地址的 ARP 回复消息直接发送回主机 A。

第 5 步：当主机 A 收到从主机 B 发来的 ARP 回复消息时，会用主机 B 的 IP 地址和 MAC 地址映射更新 ARP 缓存。本机缓存是有生存期的，生存期结束后，将再次重复上面的过程。主机 B 的 MAC 地址一旦确定，主机 A 就能与主机 B 进行 IP 通信了。

使用 "arp-a" 命令可以查看本地的 ARP 缓存内容，所以，进行一次通信后，ARP 缓存就会存在一个目的 IP 地址的记录。当然，如果数据包是发送到不同网段的目的地，那么就一定存在一条网关的 IP-MAC 地址对应的记录。

知道了 ARP 的作用，就能够很清楚地知道，数据包的向外传输依靠 ARP，当然，也就是依赖 ARP 缓存。要知道，ARP 的所有操作都是内核自动完成的，同其他的应用程序没有任何关系。同时需要注意的是，ARP 只用于本网络。

二、arp 命令

ARP 是一个重要的 TCP/IP，并且用于确定对应 IP 地址的网卡 MAC 地址。

可以显示和修改 ARP 缓存中的项目。ARP 缓存中包含一个或多个表，它们用于存储 IP 地址及其经过解析的以太网－或令牌环网卡 MAC 地址。计算机上安装的每一个以太网卡或令牌环网卡都有自己单独的表。如果在没有参数的情况下使用，则 arp 命令将显示帮助信息。

arp 命令的一般格式如下：

```
arp[ - a [InetAddr] [ - N IfaceAddr]] [ - g [InetAddr] [ - N IfaceAddr]] [ - d
InetAddr [IfaceAddr]] [ - s InetAddr EtherAddr [IfaceAddr]]
```

参数说明如下。

－a［InetAddr］［ － N IfaceAddr］，显示所有接口的当前 ARP 缓存表。要显示特定 IP 地址的 ARP 缓存项，请使用带有 InetAddr 参数的"arp － a"命令，此处的 InetAddr 代表 IP 地址。如果未指定 InetAddr，则使用第一个适用的接口。要显示特定接口的 ARP 缓存表，请将 － N IfaceAddr 参数与 － a 参数一起使用，此处的 IfaceAddr 代表指派给该接口的 IP 地址。－N 参数区分大小写。

－g［InetAddr］［ － N IfaceAddr］，与 － a 相同。

－d InetAddr［IfaceAddr］，删除指定的 IP 地址项，此处的 InetAddr 代表 IP 地址。对于指定的接口，要删除表中的某项，请使用 IfaceAddr 参数，此处的 IfaceAddr 代表指派给该接口的 IP 地址。要删除所有项，请使用通配符"＊"代替 InetAddr。

－s InetAddr EtherAddr［IfaceAddr］，向 ARP 缓存中添加可将 IP 地址 InetAddr 解析成 MAC 地址 EtherAddr 的静态项。要向指定接口的表添加静态 ARP 缓存项，请使用 IfaceAddr 参数，此处的 IfaceAddr 代表指派给该接口的 IP 地址。

例如，要显示所有接口的 ARP 缓存表，可输入"arp － a"。

对于指派的 IP 地址为 10.0.0.99 的接口，要显示其 ARP 缓存表，可输入"arp － a － N 10.0.0.99"。

要添加将 IP 地址 10.0.0.80 解析成 MAC 地址 00 － AA － 00 － 4F － 2A － 9C 的静态 ARP 缓存项，可输入"arp － s 10.0.0.80 00 － AA － 00 － 4F － 2A － 9C"。

任务六　route 命令的使用

【任务描述】

当网络中有两个或多个路由器时，可能需要某些远程 IP 地址通过某个特定的路由器来传递信息，而其他远程 IP 地址则通过另一个路由器来传递信息。大多数路由器使用专门的路由器协议来交换和动态更新自己与其他路由器之间的路由表。但在有些情况下，必须人工将项目添加到路由器和主机的路由表中。route 命令就是用来显示、人工添加和修改路由表项目的。

【任务实施】

使用 route 命令的步骤如下。

步骤 1："route print" 命令用于显示路由表中的当前项目，输出结果如图 3-6-1 所示。

```
C:\WINDOWS\system32>route print
接口列表
16...a8 1e 84 28 e8 a1 ......Realtek PCIe GBE Family Controller
 9...98 54 1b 68 d2 75 ......Microsoft Wi-Fi Direct Virtual Adapter #2
 6...9a 54 1b 68 d2 74 ......Microsoft Wi-Fi Direct Virtual Adapter #3
 8...98 54 1b 68 d2 74 ......Intel(R) Dual Band Wireless-AC 3165
 5...98 54 1b 68 d2 78 ......Bluetooth Device (Personal Area Network)
 1.........................Software Loopback Interface 1

IPv4 路由表
活动路由:
网络目标          网络掩码          网关              接口        跃点数
      0.0.0.0          0.0.0.0       192.168.1.1    192.168.1.6      55
    127.0.0.0        255.0.0.0        在链路上          127.0.0.1     331
    127.0.0.1  255.255.255.255        在链路上          127.0.0.1     331
127.255.255.255  255.255.255.255        在链路上          127.0.0.1     331
  192.168.1.0    255.255.255.0        在链路上        192.168.1.6     311
  192.168.1.6  255.255.255.255        在链路上        192.168.1.6     311
192.168.1.255  255.255.255.255        在链路上        192.168.1.6     311
    224.0.0.0        240.0.0.0        在链路上          127.0.0.1     331
    224.0.0.0        240.0.0.0        在链路上        192.168.1.6     311
255.255.255.255  255.255.255.255        在链路上          127.0.0.1     331
255.255.255.255  255.255.255.255        在链路上        192.168.1.6     311
永久路由:
无
```

图 3-6-1　使用 "route print" 命令

步骤 2：使用 "route add" 命令，可以将路由器项目添加到路由表中。例如，如果要设定一个到目的网络 202.115.2.235 的路由，其间要经过 5 个路由器网段，首先要经过本地网络上的一个路由器，IP 地址为 202.115.2.205，子网掩码为 255.255.255.0，则应该输入以下命令：

route add 202.115.2.235 mask 255.255.255.0 202.115.2.205 metric 5

【理论知识】

route 命令

大多数主机驻留在只连接一台路由器的网段上。由于只有一台路由器，因此不存在使用哪一台路由器将数据报发送到远程计算机的问题，该路由器的 IP 地址可作为该网段上所有计算机的缺省网关来输入。

但是，当网络中有两个或多个路由器时，不一定只依赖缺省网关。实际上用户可能想让某些远程 IP 地址通过某个特定的路由器来传递信息，而其他的远程 IP 地址则通过另一个路由器来传递信息。

在这种情况下，需要相应的路由信息，这些路由信息存储在路由表中，每个主机和每个路由器都配有自己独一无二的路由表。大多数路由器使用专门的路由协议来交换和动态更新自己与其他路由器之间的路由表。但在有些情况下，必须人工将项目添加到路由器和主机的路由表中。

route 命令的一般格式如下：

```
route [ - f] [ - p] [Command [Destination] [mask subnetmask] [Gateway] [metric
Metric]] [if Interface]
```

参数说明如下。

－f，清除所有不是主路由（子网掩码为 255.255.255.255 的路由）、环回网络路由（目标 IP 地址为 127.0.0.0，子网掩码为 255.255.255.0 的路由）或多播路由（目标 IP 地址为 224.0.0.0，子网掩码为 240.0.0.0 的路由）的条目的路由表。如果它与 Add、Change 或 Delete 等命令结合使用，表会在运行命令之前清除。

－p，与 Add 命令共同使用时，指定路由被添加到注册表中，并在启动 TCP/IP 的时候初始化 IP 路由表。在默认情况下，启动 TCP/IP 时不会保存添加的路由，与 Print 命令一起使用时，则显示永久路由列表。所有其他的命令都忽略此参数。

Command，指定要运行的命令。

Destination，指定路由的网络目标地址。目标地址可以是一个 IP 地址（其中网络地址的主机地址位设置为 0），对于主机路由是 IP 地址，对于默认路由是 0.0.0.0。

mask subnetmask，指定与网络目标地址关联的子网掩码。子网掩码对于主机路由是 255.255.255.255，对于默认路由是 0.0.0.0。如果忽略，则使用子网掩码 255.255.255.255。定义路由时由于目标地址和子网掩码之间的关系，目标地址不能比它对应的子网掩码更为详细。换句话说，如果子网掩码的一位是 0，则目标地址中的对应位就不能设置为 1。

Gateway，指定超过由网络目标和子网掩码定义的可达到的地址集的前一个或下一个跃点 IP 地址。对于本地连接的子网路由，网关地址是分配给连接子网接口的 IP 地址。对于要经过一个或多个路由器才可用到的远程路由，网关地址是一个分配给相邻路由器的、可直接达到的 IP 地址。

metric Metric，为路由指定所需跃点数的整数值（范围是 1～9 999），它用来在路由表里的多个路由中选择与转发包中的目标地址最为匹配的路由。所选的路由具有最少的跃点数。跃点数能够反映跃点的数量、路径速度、路径可靠性、路径吞吐量以及管理属性。

if Interface，指定目标可以到达的接口的接口索引。

任务七　常见网络故障及其排除方法

【任务描述】

在遇到网络故障时，网络管理人员不能着急，而应该冷静下来，仔细分析故障原因，通常解决问题的顺序是"先软件后硬件"。在动手排除故障之前，最好先准备好笔和记事本，将故障现象认真仔细地记录下来（这样有助于积累经验和日后排除同类故障）。在观察和记录时一定要注意细节，排除大型网络的故障是这样，排除由十几台计算机组成的小型网络的故障也是这样，有时正是通过对细节的分析，才使整个问题变得明朗。

【任务实施】

步骤 1：识别网络故障。

要识别网络故障，必须确切地知道网络到底出了什么问题。知道网络出了什么问题并能够及时识别，是成功排除网络故障的关键。为了与网络故障现象进行对比，网络管理员必须知道系统在正常情况下是怎样工作的。

识别网络故障现象时，应该向操作者询问以下几个问题。

当被记录的故障现象发生时，正在运行什么进程（即操作者正在对计算机进行什么操作）？

这个进程以前运行过吗？

以前这个进程的运行是否成功？

这个进程最后一次成功运行是什么时候？

从那时起，发生了改变？

当网络出现故障时，网络管理员要亲自操作刚才出错的程序，并注意观察屏幕上的出错信息。在排除网络故障前，可以按图 3 - 7 - 1 所示步骤进行分析。

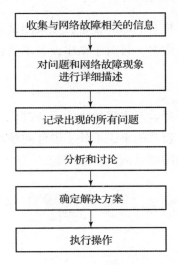

图 3 - 7 - 1　检查网络故障

作为网络管理员，应当考虑网络无法正常运行的原因可能有哪些，如网卡硬件故障、网络连接故障、网络设备（如集线器、交换机）故障、TCP/IP 设置不当等。要注意的是，不要急于下结论，可以根据出错的可能性把这些原因按优先级别进行排序，然后逐个加以排除。

处理网络故障的方法多种多样，比较方便的有参考实例法、硬件替换法、错误测试法等。

一、参考实例法

参考实例法是参考附近有类似连接的计算机或设备，然后对比这些设备的配置和连接情况，查找问题的根源，最后解决问题。其操作步骤如图 3－7－2 所示。

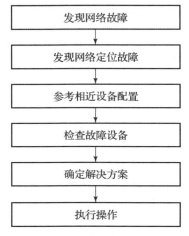

图 3－7－2　参考实例法的操作步骤

二、硬件替换法

硬件替换法是用正常设备替换有故障的设备，如果测试正常，则表明被替换的设备有问题。要注意一次替换的设备不能太多，且对于精密设备不适合用这种方法。

三、错误测试法

错误测试法指网络管理员凭经验对出现故障的设备进行测试，最后找到症结所在。

故障的原因虽然多种多样，但总的来讲不外乎硬件问题和软件问题，说得确切一些，就是网络连接问题、配置文件选项问题及网络协议问题。

任务八　网络连通性故障及其排除方法

【任务描述】

网络连通性是网络故障发生后首先应当考虑的原因。网络连通性的问题通常涉及网卡、跳线、信息插座、网线、集线器、调制解调器等设备和通信介质。其中，任何一个设备的损坏都会导致网络连接中断。

【任务实施】

步骤1：当出现一种网络故障时，首先查看能否登录比较简单的网页，如百度搜索界面（www.baidu.com）。查看周围计算机是否有同样的问题，如果没有，则主要问题在本机。

步骤 2：使用 ping 命令测试本机是否连通，进入命令解释程序，输入"ping + 本机的 IP 地址"，如图 3 - 8 - 1 所示。查看是否能 ping 通，若能 ping 通则说明并非网络连通性故障。

图 3 - 8 - 1　ping 本机 IP 地址

步骤 3：通过 LED 灯判断网卡的故障。首先查看网卡的指示灯闪烁是否正常，在正常情况下，在不传送数据时，网卡的指示灯闪烁交慢，传送数据时，闪烁较快。无论指示灯是不亮，还是长亮不灭，都表明有网络故障存在。如果网卡的指示灯闪烁不正常，需关闭计算机后更换网卡。

步骤 4：查看网卡驱动程序是否存在问题，若存在问题，则需要重新安装网卡驱动程序。

步骤 5：在确认网卡和协议都正确的情况下，若网络还是不通，可初步断定是集线器（或交换机）和双绞线的问题。为了进一步进行确认，可再换一台计算机用同样的方法进行判断。如果其他计算机与本机连接正常，则故障一定出在先前的那台计算机和集线器（或交换机）的接口上。

步骤 6：如果集线器（或交换机）没有问题，则检查计算机到集线器（或交换机）的那一段双绞线和所安装的网卡是否有故障。判断双绞线是否有问题的，可以通过"双绞线测试仪"或用两块万用表分别由两个人在双绞线的两端测试。主要测试双绞线的 1、2 和 3、6 共 4 条线（其中 1、2 线用于发送，3、6 线用于接收），如果发现有一根不通就要重新制作。

通过上面的故障分析，就可以判断故障出在网卡、双绞线或集线器上。

【理论知识】

一、故障表现

（1）计算机无法登录服务器。计算机无法通过局域网接入 Internet。

（2）在"网上邻居"中只能看到本地计算机，而看不到其他计算机，从而无法使用其他计算机上的共享资源和共享打印机。

（3）计算机在网络中无法访问其他计算机上的资源。网络中的部分计算机运行速度异常缓慢。

二、故障原因

（1）网卡未安装，或未安装正确，或与其他设备有冲突。

（2）网卡硬件故障。

（3）网络协议未安装，或设置不正确。

（4）网线、跳线或信息插座故障。

（5）集线器或交换机电源未打开，集线器或交换机硬件故障。

【项目小结】

本项目要求掌握 ping，ipconfig、tracert、netstat、arp 等命令的功能，并学会合理使用相关命令解决实际的网络问题。

【思考与练习】

一、选择题

1. ARP 是 TCP/IP 参考模型中（　　　）层的协议。

A. 网络接口层　　　　　　　　　　　　B. 网络互连层

C. 传输层　　　　　　　　　　　　　　D. 应用层

2. TCP/IP 参考模型分为哪几层？（　　　）

A. 物理层、网络接口层、会话层

B. 链路层、传输层、网络互连层、应用层

C. 网络接口层、传输层、网络互连层、应用层

D. 网络接口层、链路层、物理层、应用层

3. Internet 使用的互联网协议是（　　　）。

A. IPX 协议　　　　　　　　　　　　　B. IP

C. AppleTalk 协议　　　　　　　　　　D. NetBEUI 协议

4. 在 TCP/IP 层次中，定义数据传输设备和传输媒体或网络间接口的是（　　　）。

A. 物理层　　　　　　　　　　　　　　B. 网络接入层

C. 运输层　　　　　　　　　　　　　　D. 应用层

5. 使用命令"ping www.baidu.com"，出现"Reply from 202.96.128.68；bytes = 32 time = 41ms TTL = 245"，其含义为（　　　）。

A. 网络连通状况不佳　　　　　　　　　B. 网络畅通

C. 网络不通　　　　　　　　　　　　　D. 命令出错

6. 如果想了解数据包到达目的主机所经过的路径、数据包经过的中继节点清单和到达时间，可使用（　　　）命令。

A. ping　　　　　　B. ipconfig　　　　　　C. netsh　　　　　　D. Tracert

7. 如果想知道网络适配器的 MAC 地址，可使用（　　　）命令。

A. ping　　　　　　B. ipconfig　　　　　　C. netsh　　　　　　D. Tracert

8. ARP 的主要功能是（　　　）。

A. 将 MAC 地址解析为 IP 地址　　　　　B. 将 IP 地址解析为 MAC 地址

C. 将主机域名解析为 IP 地址　　　　　　D. 将 IP 地址解析为主机域名

9. IP 的核心问题是（　　　）。

A. 传输　　　　　　B. 寻径　　　　　　C. 封装　　　　　　D. 分组

10. 计算机拨号上网后，该计算机（　　　）。

A. 可以拥有多个 IP 地址　　　　　　　B. 拥有一个固定的 IP 地址

C. 拥有一个动态的 IP 地址　　　　　　D. 没有自己的 IP 地址

二、问答题

1. 简述 ARP 的工作原理。

2. 简述如何使用 ping 命令判断网络的连通性。

3. 简述常用的网络命令有哪些，其各自的功能是什么。

项目四

组建双机互连的网络

　　小王原来有一台计算机，最近又购置了一台笔记本电脑。经过一段时间的使用，他感到越来越不方便，因为文件分别存放在两台计算机上，要用时必须用移动设备进行复制，真是很麻烦。小王迫切希望这两台计算机既可以方便地传输文件，也可以进行资源共享，比如共享打印机。

　　能否通过网络互连技术帮助小王把分散的计算机连接起来，解决这个问题呢？

【项目描述】

　　（1）正确安装好两台计算机的网卡和网卡驱动程序；

　　（2）学会制作交叉线（直连线），用交叉线连接两台计算机；

　　（3）对网络进行正确设置，组建一个双机互连的网络。

【项目需求】

　　（1）安装好操作系统的计算机（2 台，以 Windows7 操作系统为例）；

　　（2）网卡（2 块）和相应的网卡驱动程序；

　　（3）RJ－45 水晶头（若干个）、5 类双绞线（若干米）；

　　（4）RJ－45 压线钳（1 把）和测线仪（1 台）。

【相关知识点】

　　（1）网卡的基础知识；

　　（2）双绞线的相关知识，以及制作交叉线（直连线）的方法；

　　（3）网络协议——TCP/IP，以及一些相关参数设置。

【项目分析】

　　本项目的工作是组建一个双机互连的网络。要使双机互连，首先要给每台计算机安装网卡；然后，在物理上把两台计算机连接起来，也就是要制作网络传输介质——双绞线，并把两端的水晶头分别插入两台计算机的网口；最后，要使两台计算机能真正逻辑相连，还必须对它们进行软件设置，也就是进行 TCP/IP 的设置。经过上述步骤的操作，两台计算机在物理上和逻辑上都已连通，可以进行通信。

任务一　网卡的安装

网卡的安装是双机互连的第一步，在安装网卡之前先对网卡稍作了解。

【任务描述】

（1）认识常见的网卡，了解其分类及功能；

（2）进行网卡硬件的安装；

（3）进行网卡驱动程序的安装。

【理论知识】

下面介绍网卡的基本知识。

一、网卡的名称

网卡（Network Interface Card，NIC）又叫作网络接口卡，也叫作网络适配器。它是局域网中最基本的硬件之一，如图 4-1-1～图 4-1-3 所示。网卡主要用于服务器与网络的连接，是计算机和网络传输介质的接口。

图 4-1-1　独立网卡

图 4-1-2　USB 无线网卡

图 4-1-3　笔记本电脑无线网卡

二、网卡功能简述

随着集成度的不断提高，网卡上的芯片数量不断减少，虽然现在各厂家生产的网卡种类繁多，但其功能大同小异。网卡的主要功能有以下 3 个。

（1）数据的封装与解封：发送时将上一层交下来的数据加上首部和尾部，成为以太网的帧，接收时将以太网的帧剥去首部和尾部，然后送交上一层。

（2）链路管理：主要是 CSMA/CD 协议的实现。

（3）编码与译码：即曼彻斯特编码与译码。

三、网卡的分类

根据网络技术的不同，网卡的分类也有所不同。

1. 按总线接口类型分类

按网卡的总线接口类型，网卡一般可分为 ISA 总线网卡、PCI 总线网卡、PCI – X 总线网卡、PCMCIA 总线网卡、USB 总线网卡。

2. 按网络接口分类

根据连接线材的不同，市场上有 4 种类型的网卡端口。

RJ – 45 端口用于双绞线（如 Cat5 和 Cat6），AUI 端口用于粗同轴电缆（如 AUI 电缆），BNC 端口用于细同轴电缆（如 BNC 电缆），光端口用于模块（如 10G/25G 光模块）。

3. 按传输速度分类

基于不同的速度，有 10 Mbit/s、100 Mbit/s、10/100 Mbit/s 自适应网卡，1 000 Mbit/s、10 Gbit/s、25 Gbit/s 甚至更高速度的网卡。

10 Mbit/s、100 Mbit/s 和 10/100 Mbit/s 自适应网卡适用于小型局域网、家庭或办公室。1 000 Mbit/s 网卡可为快速以太网提供更大的带宽。10 G/25 Gbit/s 以及更高速度的网卡则受到大企业与数据中心的欢迎。

四、网卡地址

网卡地址也称为 MAC 地址，由一组 12 位十六进制数组成。其中前 6 位代表网卡生产厂商，后 6 位由网卡生产厂商自行分配。任何一块网卡的地址都是唯一的。

查看网卡地址的方法如下。

（1）选择"开始"→"运行"命令。

（2）在打开的"运行"对话框中输入"cmd"，如图 4 – 1 – 4 所示。

（3）用"ipconfig/all"命令检测网卡地址，如图 4 – 1 – 5 所示。

❖ 知识链接

一般插入引脚都是镀金或镀银的，所以又叫作"金手指"。在通常情况下，新产品引脚光亮，无摩擦痕迹。如果购买时发现有摩擦痕迹，说明是以旧翻新的产品，千万不要购买。另外，如果网卡使用时间过长，可以将其拔下，用干净柔软的布轻擦拭，以除去氧化物，保证信号传输无干扰。

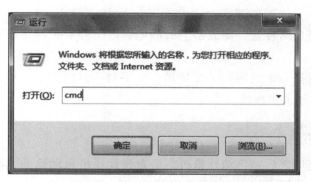

图 4 - 1 - 4　在"运行"对话框中输入"cmd"

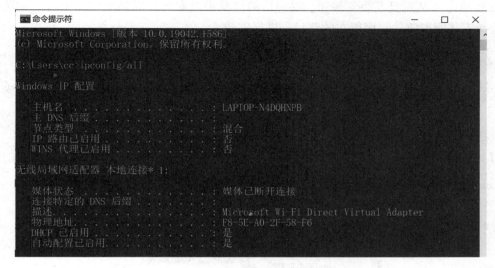

图 4 - 1 - 5　检测网卡地址

五、无线网卡

所谓无线网络，就是利用无线电波作为网络传输媒介的无线局域网，它与有线网络的用途十分类似，最大的不同在于网络传输媒介的不同（利用无线电波取代网线），它可以和有线网络互为备份，只是速度太慢。

无线网卡（图 4 - 1 - 2）是终端无线网络的设备，是在无线局域网的覆盖下，进行网络连接的无线终端设备。具体来说，无线网卡就是使计算机可以无线上网的装置。有了无线网卡，还需要可以连接的无线网络，如果有无线路由器或者无线接入点（Access Point，AP）的覆盖，就可以通过无线网卡以无线的方式连接到无线网络。

【任务实施】

一、安装网卡硬件

USB 网卡只需正确插入空闲的 USB 接口即可。对于 PCI - E 网卡，需要按步骤进行网卡硬件的安装。

（1）洗手或触摸金属装置，释放手上的静电，以防静电破坏主板和其他硬件，关闭计算机电源，打开机箱。

（2）在主板上选择一个空闲的PCI插槽，取下对应的防尘片，将网卡对准扩展槽，两手同时用力将其向下压入扩展槽。

二、网卡驱动程序的安装

（1）网卡安装完毕之后，启动计算机，会看到计算机自动检测到新硬件，出现"硬件更新向导"对话框，选择"从列表或指定位置安装"命令。

（2）单击"从磁盘安装"按钮，在弹出的"从磁盘安装"对话框中，单击"浏览"按钮，选择安装网卡驱动程序所在的路径，进行安装。

三、网卡安装检测

安装好网卡和网卡驱动程序后，需要验证网卡工作是否正常，下面介绍两种常用的方法。

方法一：检查"网络适配器"是否安装成功。

（1）选择"开始"→"控制面板"→"设备管理器"选项，如图4-1-6所示。

图4-1-6 "设备管理器"选项

（2）在弹出的"设备管理器"对话框中双击"网络适配器"选项，在弹出的"网络适配器"对话框中可以看到"网络适配器"选项下面已经增加了一项软件列表，如图4-1-7

所示，说明网卡安装成功。

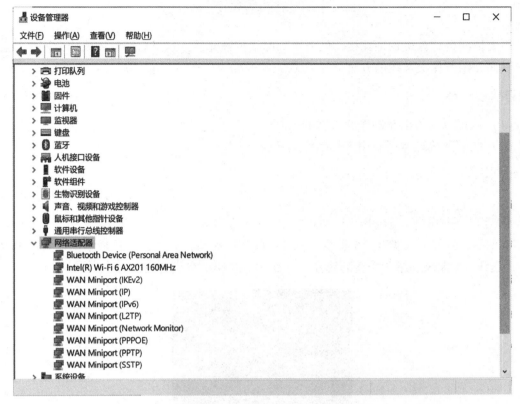

图 4 - 1 - 7 "网络适配器"选项

方法二：用 ping 命令验证网卡工作状态是否正常。

在命令提示符下输入"ping 127.0.0.1"，并按 Enter 键。

正常显示结果如图 4 - 1 - 8 所示。

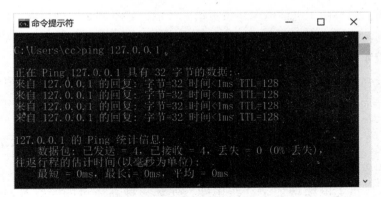

图 4 - 1 - 8　网卡工作状态正常时的显示结果

若返回"Request timed out."，则说明本地网卡工作不正常。

任务二 交叉线的制作

想要把两台计算机物理连接，就要用到网络传输介质，这里选择双绞线作为网络传输介质。下面介绍制作交叉线的方法。

【任务描述】

（1）认识双绞线以及制作交叉线的工具。

（2）能够熟练地运用专用工具制作交叉线。

【理论知识】

一、双绞线简介

常见的双绞线有3类线、5类线（图4-2-1）和超5类线，以及最新的6类线和7类线。3类线、5类线、超5类线的线径小，而6类线和7类线的线径大。

图4-2-1 5类4对屏蔽双绞线

（1）1类线：最早用于电话电缆，负责语音传输，它不用于数据传输。

（2）2类线：传输频率为1 MHz，用于语音传输和传输速率不超过4 Mbit/s的数据传输，常见于使用4 Mbit/s令牌规范的令牌网。

（3）3类线：目前在ANSI和EIA/TIA568标准中指定的电缆，该电缆的传输频率为16 MHz，用于语音传输及最高传输速率为10 Mbit/s的数据传输，主要用于10Base-T以太网。

（4）4类线：该类电缆的传输频率为20 MHz，用于语音传输和最高传输速率为16 Mbit/s的数据传输，主要用于基于令牌的局域网和10Base-T/100Base-T以太网。

（5）5类线：该类电缆增加了绕线密度，外套一种高质量的绝缘材料，传输频率为100 MHz，用于语音传输和最高传输速率为100 Mbit/s的数据传输，主要用于100Base-T和10Base-T以太。它是最常用的以太网电缆。

（6）超5类线：衰减小，串扰少，并且具有更高的衰减串扰比和信噪比、更小的时延

误差，性能得到很大提高。它主要用于千兆位以太网（1 000 Mbit/s）。

（7）6 类线：该类电缆的传输频率为 1 MHz ~ 250 MHz，6 类布线系统在 200 MHz 时综合衰减串扰比有较大的余量，它提供 2 倍于超 5 类线网络的带宽。6 类线的传输性能远远高于超 5 类线，最适用于传输速率高于 1 Gbit/s 的应用。

> ❖ 备注：
>
> 　　6 类线与超 5 类线的一个重要的不同点在于：6 类线改善了串扰以及回波损耗方面的性能，对于新一代全双工的高速网络应用而言，优良的回波损耗性能是极重要的。

此外，双绞线可分为非屏蔽双绞线和屏蔽双绞线。屏蔽双绞线的外层由铝铂包裹，以减小辐射，但并不能完全消除辐射。屏蔽双绞线价格相对较高，安装时比非屏蔽双绞线困难。非屏蔽双绞线具有以下优点：无屏蔽外套，直径小，节省所占用的空间；重量小，易弯曲，易安装；可以将串扰减至最小或加以消除；具有阻燃性；具有独立性和灵活性，适用于结构化综合布线。

二、交叉线的制作

1. 双绞线的线序

双绞线主要遵循 EIA/TIA 标准，规范两种线序的标准分别为 EIA/TIA 568A 和 EIA/TIA 568B，目前通用的方法是 EIA/TIA 568B 标准。

（1）EIA/TIA 568A 线序见表 4 – 2 – 1。

表 4 – 2 – 1　EIA/TIA 568A 线序

线芯编号	1	2	3	4	5	6	7	8
颜色	白绿	绿	白橙	蓝	白蓝	橙	白棕	棕

（2）EIA/TIA 568B 线序见表 4 – 2 – 2。

表 4 – 2 – 2　EIA/TIA 568B 线序

线芯编号	1	2	3	4	5	6	7	8
颜色	白橙	橙	白绿	蓝	白蓝	绿	白棕	棕

2. 双绞线的连接标准

双绞线根据两端水晶头的做法是否相同，分为直通线和交叉线。

（1）直通线：又叫作正线或标准线，两端统一采用 EIA/TIA 568A 或者 EIA/TIA 568B 线序，并用 RJ – 45 水晶头夹好。注意两端都采用同样的线序且一一对应。

直通线应用最广泛，用于不同设备，比如路由器和交换机、计算机和交换机等之间的连接。

（2）交叉线：又叫作反线，线序按照一端 EIA/TIA 568B，另一端 EIA/TIA 568A 的标准排列，并用 RJ-45 水晶头夹好。

◈ 备注：

> 　　交叉线一般用于相同设备的连接，比如路由和路由、计算机和计算机；现在的很多不同设备之间的连接也支持直通线，但建议还是使用交叉线。

三、双绞线的主要品牌

双绞线的知名品牌有安普（AMP）、康普（AVAYA）、西蒙、朗讯、丽特、TCL、清华同方等。

【任务实施】

一、剥线

（1）准备好一根 5 类线、两个 RJ-45 水晶头（图 4-2-2）和一把专用的压线钳（图 4-2-3）。

（2）用压线钳的剥线刀口将 5 类线的外保护套管划开（注意不要将里面的绝缘层划破），刀口距 5 类线的端头至少 2 cm。

（3）将划开的外保护套管剥去（旋转并向外抽）。

（4）露出 5 类线中的 4 对双绞线。

图 4-2-2　RJ-45 水晶头　　　　　　　　图 4-2-3　压线钳

二、排序

（1）制作交叉线时，一端按照 EIA/TIA 568A 线序，另一端按照 EIA/TIA 568B 线序，将导线颜色按规定排好（若制作直连线，则两端都按照 EIA/TIA-568A 线序或者都按照 EIA/TIA 568B 线序，将导线颜色按规定排好）。

（2）将 8 根导线平坦整齐地平行排列，导线间不留空隙。

（3）用压线钳的剪线刀口将 8 根导线剪断。

（4）剪断导线时，注意要剪得很整齐。剥开的导线长度不可太短（12～15 mm），可以先留长一些。

三、压线

（1）将剪过的 5 类线放入 RJ - 45 水晶头中试试长短（要插到底），5 类线的外保护层最后应能够在 RJ - 45 水晶头内的凹陷处被压实。反复进行调整。

（2）将 RJ - 45 水晶头放入压线钳的压头槽内，准备最后的压实。双手紧握压线钳的手柄，用力压紧。请注意，在这一步骤完成后，RJ - 45 水晶头的 8 个针脚接触点就穿过导线的绝缘外层，分别和 8 根导线紧紧地压接在一起。

通过以上操作，基本上完成了交叉线的制作。

四、测试

制作完成后，需要使用测线仪（图 4 - 2 - 4）测试所做的交叉线的连通性。进行测试可以避免组网后网线不通带来的麻烦。

测试时，将交叉线的两端分别插入信号发射器和信号接收器，打开电源，如果测线仪上的两排指示灯按相同的次序闪动，则表明交叉线制作成功；如果有任何一个指示灯不亮或者闪动次序不一致，则表明交叉线制作失败。

图 4 - 2 - 4　测线仪

任务三　协议软件的设置

把制作好的交叉线的水晶头分别插入两台计算机的网卡接口中，把两台计算机连接起来。此时还不能真正实现信息传输和资源共享，还要对网络协议进行设置。在本任务中，对 TCP/IP 进行设置，使两台计算机能够真正连通。

【任务描述】

（1）了解常用的网络协议——TCP/IP；

（2）进行网络协议的添加；

（3）设置 TCP/IP 的参数，使两台计算机能够真正连通。

【理论知识】

Internet 是当今世界上规模最大、用户最多、资源涉及面最广的通信网络。在 Internet 中有数不清的网络设备，各种网络设备需要可以相互通信的规则，即网络通信协议：TCP/IP。

TCP/TP 已经成为当今网络的主流标准，该协议簇中有两个最重要的协议——TCP 和 IP。其中 TCP 主要用来管理网络通信的质量，保证网络传输不发生错误；IP 主要用来为网络传输提供通信地址，保证准确找到接收数据的计算机。

一、IP 地址知识

IP 是为计算机网络相互连接，进行通信而设计的协议。在 Internet 中，它是能使连接到其上的所有计算机网络实现相互通信的一套规则。任何厂家生产的计算机系统，只要遵守 IP 就可以与 Internet 互连互通。正是因为有了 IP，Internet 才得以迅速发展成为世界上最大的、开放的计算机通信网络。因此，IP 也可以叫作"Internet 协议"。

在 Internet 上有无数台主机（host），为了区分这些主机，人们为每台主机分配了一个专门的"地址"作为标识，称为 IP 地址。在 Internet 上，每个网络和每台计算机都被唯一分配一个 IP 地址，这个 IP 地址在整个网络（Internet）中是唯一的。IP 地址的唯一性保证了用户在操作时，能够高效而且方便地从千万台计算机中选出自己所需的对象。

基于 IP 传输的数据包，必须使用 IP 地址进行标识。举个例子，在现实生活中人们写信，要标明收信人的通信地址和发信人的通信地址，这样邮局才能通过通信地址来决定邮件的去向。同样的过程也发生在计算机网络中，每个被传输的数据包包括一个源 IP 地址和一个目的 IP 地址，当该数据包在网络中传输时，这两个地址保持不变，以确保网络设备总是能根据确定的 IP 地址，将数据包从源主机送往指定的目的主机。

二、IP 地址管理机构

所有的 IP 地址都由国际组织 NIC（Network Information Center）负责统一分配，目前全世界共有 3 个这样的网络信息中心。

（1）Inter NIC：负责美国及其他地区；

（2）ENIC：负责欧洲地区；

（3）APNIC：负责亚太地区。

我国要通过 APNIC 申请 IP 地址，APNIC 的总部设在日本东京大学。申请时要考虑申请哪一类的 IP 地址，然后向国内的代理机构提出。

三、IP 地址表示

IP 地址由 32 位二进制数组成，为了方便使用，一般把二进制数地址转变为人们更熟悉的十进制数地址。十进制数地址由 4 部分组成，每部分数字对应于一组 8 位二进制数，各部分之间用点分开，也称为点分十进制数。

例如，用点分十进制数表示的某台主机 IP 地址可以书写为 192.168.4.225。由此可以看出，最小的 IP 地址值为 0.0.0.0，最大的 IP 地址值为 255.255.255.255。全 0 和全 1 的 IP 地址分别用来表示任意的、不固定的网络和全网广播地址。

可以把 IP 地址和电话号码做类比，一个 IP 地址主要由两部分组成：一部分用于标识该地址从属的网络（类比于区号），即网络地址；另一部分用于指明网络中某台设备的主机号（类比于电话号码），即主机地址。

网络地址由 Internet 管理机构分配，目的是保证网络地址的全球唯一性。主机地址由各个网络的管理员统一分配。通过网络地址的唯一性与网络内主机地址的唯一性，确保了 IP 地址的全球唯一性。

四、IP 地址分类

最初设计互连网络时，为了便于寻址以及层次化构造网络，每个 IP 地址包括两个标识码（ID），即网络地址和主机地址。同一个物理网络上的所有主机都使用同一个网络地址，网络上的一个主机（包括网络上工作站、服务器和路由器等）有一个主机地址与其对应。IP 地址根据网络地址的不同分为 5 种类型：A 类 IP 地址、B 类 IP 地址、C 类 IP 地址、D 类 IP 地址和 E 类 IP 地址。

1. A 类 IP 地址

一个 A 类 IP 地址由 1 字节的网络地址和 3 字节的主机地址组成，网络地址的最高位必须是 "0"，地址范围为 1.0.0.1 ~ 126.255.255.254（二进制表示为：00000001 00000000 00000000 00000001 ~ 01111110 11111111 11111111 11111110）。可用的 A 类网络有 126 个，每个 A 类网络能容纳 1 600 多万个主机。

2. B 类 IP 地址

一个 B 类 IP 地址由 2 个字节的网络地址和 2 个字节的主机地址组成，网络地址的最高位必须是 "10"，地址范围为 128.1.0.1 ~ 191.254.255.254（二进制表示为：10000000 00000001 00000000 00000001 ~ 10111111 11111110 11111111 11111110）。可用的 B 类网络有 16 382 个，每个 B 类网络能容纳 6 万多个主机。

3. C 类 IP 地址

一个 C 类 IP 地址由 3 字节的网络地址和 1 字节的主机地址组成，网络地址的最高位必须是 "110"。地址范围为 192.0.1.1 ~ 223.255.254.254（二进制表示为：11000000 00000000 00000001 00000001 ~ 11011111 11111111 11111110 11111110）。可用的 C 类网络达 209 万余个，每个 C 类网络能容纳 254 个主机。

4. D 类 IP 地址

D 类 IP 地址用于多点广播（Multicast）。D 类 IP 地址以 "1110" 开始，它是一个专门保留的地址。它并不指向特定的网络。多点广播地址用来一次寻址一组计算机，它标识共享同一协议的一组计算机。

地址范围为 224.0.0.1 ~ 239.255.255.254。

5. E 类 IP 地址

E 类 IP 地址以 "11110" 开始，为将来使用保留。

全零地址（0.0.0.0）对应于当前主机。全 "1" 地址（255.255.255.255）是当前子网的广播地址。

五大类 IP 地址划分示意如图 4-3-1 所示。

6. 特殊含义的地址

1）广播地址

TCP/IP 规定，主机部分各位全为 "1" 的 IP 地址用于广播。那么，什么是广播地址？所谓广播地址，是指同时向网上所有的主机发送报文的地址。如 136.78.255.255 就是 B 类

图 4 − 3 − 1　五大类 IP 地址划分示意

IP 地址中的一个广播地址，将信息送到此地址，就是将信息送给网络地址为 136.78.0.0 的所有主机。

2）回送地址（Loopback Address）

网络地址的第一段十进制数为 127 的属于保留地址，用于网络测试个本地主机进程间通信，称为回送地址。一旦使使用回送地址发送数据，协议软件立即返回信息，不进行任何网络传输。网络地址为 127 的分组不能出现在任何网络上，只用于本地主机进程间通信测试。

3）网络地址

TCP/IP 规定，主机位全为"0"的网络地址被解释成"本"网络，如 192.168.1.0。

4）私有地址（Private Address）

私有地址属于非注册地址，专门为组织机构内部使用。

留用的内部私有地址如下。

A 类：10.0.0.0 ~ 10.255.255.255；

B 类：172.16.0.0 ~ 172.31.255.255；

C 类：192.168.0.0 ~ 192.168.255.255。

五、子网掩码

互联网是由许多小型网络构成的，每个小型网络上都有许多主机，这样便构成了一个有层次的结构。IP 地址在设计时就考虑到地址分配的层次特点，每个 IP 地址都被分割成网络地址和主机地址两部分，以便于 IP 地址的寻址操作。

在 IP 地址中，计算机是通过子网掩码来决定 IP 地址中的网络地址和主机地址的。地址规划组织委员会规定，用"1"代表网络部分，用"0"代表主机部分。

子网掩码是一个 32 位地址，用于屏蔽 IP 地址的一部分以区别网络地址和主机地址，并说明该 IP 地址是在局域网上还是在远程网上。

> ◈ 备注：
>
> A 类 IP 地址的默认子网掩码为 255.0.0.0；B 类 IP 地址的默认子网掩码为 255.255.0.0；C 类 IP 地址的默认子网掩码为 255.255.255.0。

【任务实施】

一、添加网络协议

（1）选择"控制面板"→"网络和 Internet"→"网络与共享中心"→"更改适配器设置"→"以太网"选项，单击鼠标右键，在弹出的菜单中选择"属性"选项，然后在"网络"选项卡中单击"安装"按钮，出现图 4 - 3 - 2 所示的"选择网络功能类型"对话框。

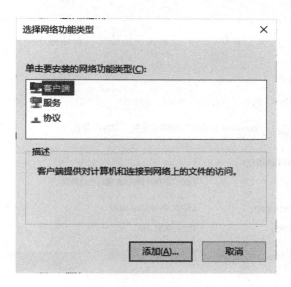

图 4 - 3 - 2 "选择网络功能类型"对话框

（2）在"选择网络功能类型"对话框中，选择"协议"选项，单击"添加"按钮，弹出"选择网络协议"对话框，如图 4 - 3 - 3 所示。将安装光盘插入光驱，单击"从磁盘安装"按钮，进行安装。

二、设置计算机名和工作组名

（1）用鼠标右键单击"我的电脑"图标，在弹出的快捷菜单中选择"属性"选项。

（2）弹出"系统属性"对话框，输入计算机名和工作组名，如图 4 - 3 - 4 所示。

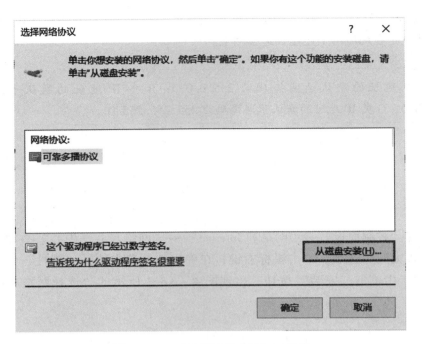

图 4 – 3 – 3 "选择网络协议" 对话框

图 4 – 3 – 4 设置计算机名和工作组名

注意：两台计算机应该用不同的名称来标识，而它们的工作组名必须是相同的，否则连机后双方将无法寻找到对方。如果两台计算机的工作组名不相同，单击"更改"按钮进行修改，修改完成之后，必须重启计算机。

三、对每台计算机进行协议软件设置（以 Windows10 操作系统为例）

（1）打开"网络与共享中心"，选择"更改适配器设置"命令。

（2）用鼠标右键单击"本地连接"图标，在弹出的快捷菜单中选择"属性"选项。

（3）选择"本地连接属性"对话框中的"常规"选项卡。

（4）选择"Internet 协议（TCP/IP）"选项，再单击"属性"按钮，设置 TCP/IP 属性，为两台计算机分别配置 IP 地址，具体配置如图 4 - 3 - 5 和图 4 - 3 - 6 所示。

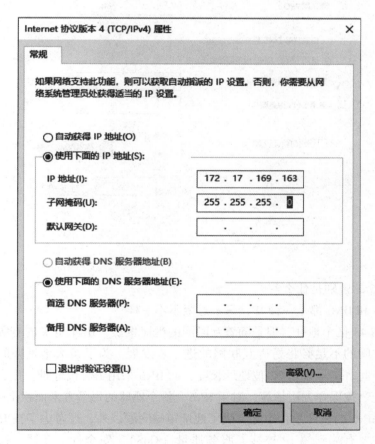

图 4 - 3 - 5　配置 PC1 的 IP 地址

四、用 ping 命令检测网络是否连通

上面设置 PC1 的 IP 地址为 172. 17. 169. 163，现在在 PC2 上选择"开始"→"运行"命令，在运行命令框中输入"ping 172. 17. 169. 163"，查看远程主机的连通状态。

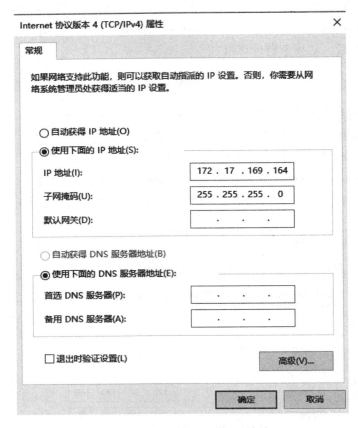

图 4 - 3 - 6　配置 PC2 的 IP 地址

【背景知识】

IPv4 和 IPv6 的区别是什么？

首先，IPv4 和 IPv6 都是一种 IP，只不过版本不一样。

IPv4 能容纳 43 亿个地址，但是随着互联网的迅速发展，IPv4 定义的有限地址空间将被耗尽，而地址空间的不足必将妨碍互联网的进一步发展。为了扩大地址空间，拟通过 IPv6 重新定义地址空间。IPv4 采用 32 位地址长度，而 IPv6 采用 128 位地址长度，几乎可以不受限制地提供地址。按保守方法估算，对于 IPv6，整个地球的每平方米面积上可分配 1 000 多个 IP 地址。在 IPv6 的设计过程中除解决了地址短缺问题以外，还考虑了在 IPv4 中无法解决的其他问题，主要有端到端 IP 连接、服务质量（QoS）、安全性、多播、移动性、即插即用等。

与 IPv4 相比，IPv6 主要有以下优势。

第一，明显地扩大了地址空间。IPv6 采用 128 位地址长度，几乎可以不受限制地提供 IP 地址，从而确保了端到端连接的可能性。

第二，提高了网络的整体吞吐量。由于 IPv6 的数据包可以远远超过 64k 字节，应用程序可以利用最大传输单元（MTU）获得更快、更可靠的数据传输。同时，IPv6 在设计上改进了选路结构，采用简化的报头定长结构和更合理的分段方法，使路由器加快数据包处理速度，提高了转发效率，从而提高了网络的整体吞吐量。

第三，使整个服务质量得到很大改善。报头中的业务级别和流标记通过路由器的配置可以实现优先级控制和 QoS 保障，从而极大改善了服务质量。

第四，安全性有了更好的保证。采用 IPSec 可以为上层协议和应用提供有效的端到端安全保证，能够提高在路由器水平上的安全性。

第五，支持即插即用和移动性。设备接入网络时通过自动配置可自动获取 IP 地址和必要的参数，实现即插即用，简化了网络管理，易于支持移动节点。IPv6 不仅从 IPv4 中借鉴了许多概念和术语，还定义了许多移动 IPv6 所需的新功能。

第六，更好地实现了多播功能。在 IPv6 的多播功能中增加了"范围"和"标志"，限定了路由范围，可以区分永久性与临时性地址，更有利于多播功能的实现。

目前，随着互联网的飞速发展和互联网用户对服务水平要求的不断提高，IPv6 在全球越来越受到重视。

【知识拓展】

1. 查询 IP 地址的方法

1）查询/设置本机的 IP 地址

在运行命令框中输入命令"ipconfig /all"，可以查询本机的 IP 地址，以及子网掩码、网关、MAC 地址、DNS 等详细情况。

设置本机的 IP 地址的方法：用鼠标右键单击"网上邻居"图标，选择"属性"→"TCP/IP 设置"选项，填入合适的信息。

2）查询互联网中已知域名主机的 IP 地址

可以使用 Windows 自带的网络小工具"Ping. exe"。如想知道 www. sohu. com. cn 的 IP 地址，在 DOS 窗口中输入命令"ping www. sohu. com. cn"即可。

3）通过防火墙查询 IP 地址

QQ 使用 UDP 传送信息，而 UDP 是面向无连接的协议，QQ 为了保证信息到达对方，需要对方发送一个认证，告诉本机对方已经收到消息，防火墙（例如"天网"）则带有 UDP 监听的功能，因此可以利用这个认证来查询 IP 地址。

下面举一个实际的例子说如何用"天网"防火墙查询 IP 地址。

第一步：打开"天网"防火墙的 UDP 监听功能；

第二步：向对方发送一个消息；

第三步：查看自己所用的 QQ 服务器地址；

第四步：排除 QQ 服务器地址，判断对方的 IP 地址。

2. 网络地址的计算

某计算机的 IP 地址为 192. 168. 6. 156，子网掩码为 255. 255. 255. 0。下面通过掩码运算获得该计算机所在网络的网络地址、广播地址、地址范围和计算机台数。

（1）把 IP 地址和子网掩码转化成二进制形式，子网掩码全为"1"的部分是网络地址，

全为 "0" 的部分是主机地址，见表4 – 3 – 1。

表4 – 3 – 1　IP地址与子网掩码

IP 地址	11000000 10101000 00000110 10011100
子网掩码	11111111 11111111 11111111 00000000

（2）将 IP 地址和子网掩码进行与运算，运算结果就是网络地址192.168.6.0，见表4 – 3 – 2。

表4 – 3 – 2　计算网络地址

IP 地址	11000000 10101000 00000110 10011100
子网掩码	11111111 11111111 11111111 00000000
网络地址	11000000 10101000 00000110 00000000

（3）在网络地址的基础上，使主机地址全为 "1"，得到广播地址192.168.6.255，见表4 – 3 – 3。

表4 – 3 – 3　计算主机地址

网络地址	11000000 10101000 00000110 00000000
子网掩码	11000000 10101000 00000110 11111111

（4）网络地址加1得到网络中的第一个网络地址，广播地址减1得到最后一个 IP 地址，由此获得 IP 地址的范围为192.168.6.1 ~ 192.168.6.254。

（5）网络最大可容纳主机数的计算公式如下：

$$主机数量 = 2^{主机占用的位数} - 2$$

按照此公式，得到该网络最多可容纳254台计算机。

3. 实现文件共享的方法

既然已经实现了双机互连，那么就可以在 PC1 上设置共享文件夹 "share"，与 PC2 共享。

第一步：在 PC1 上设置共享文件夹。

（1）选择桌面上的 "share" 文件夹作为需要在网络上共享的文件夹，然后单击鼠标右键，在弹出的快捷菜单中选择 "属性" 选项，如图4 – 3 – 7 所示。

（2）在打开的 "share 属性" 对话框中选择 "共享" 选项卡，如图4 – 3 – 8 所示，单击 "共享" 按钮，填入能使用共享文件夹的用户名 "share" 并单击 "共享（H）" 按钮，如图4 – 3 – 9 所示，回到 "共享" 选项卡，单击 "高级共享（G）" 按钮，勾选 "共享此文件夹（S）" 复选框，如图4 – 3 – 10 所示，即可在网络中共享该文件夹。

图 4 - 3 - 7　右键快捷菜单

图 4 - 3 - 8　"共享"选项卡

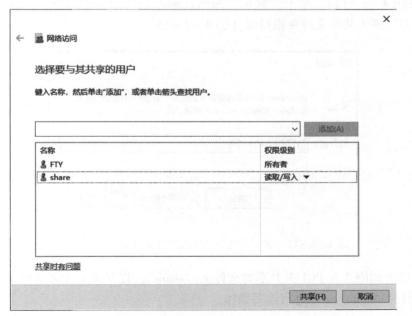

图 4 - 3 - 9　添加用户"share"

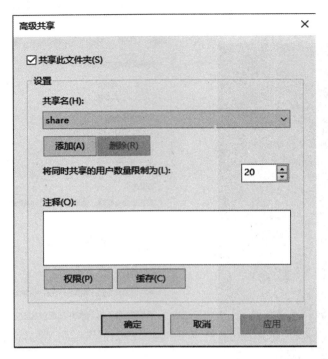

图 4 – 3 – 10 "高级共享"对话框

第二步：在 PC2 上共享文件。

（1）按"Win + R"组合键打开"运行"对话框，输入"\\172. 17. 169. 163"，即 PC1 的 IP 地址（图 4 – 3 – 11），单击"确定"按钮，输入 PC1 设置的共享用户和密码（图 4 – 3 – 12），就可以进入共享文件夹根目录（图 4 – 3 – 13）。

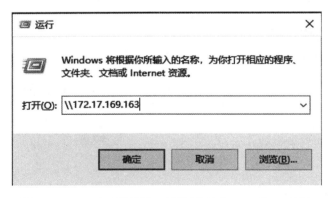

图 4 – 3 – 11　在"运行"对话框中输入 PC1 的 IP 地址

（2）可以看到刚才在 PC1 上共享的文件夹"share"，打开该文件夹（图 4 – 3 – 14），即可对共享文件"ubuntu. zip"进行读写操作。

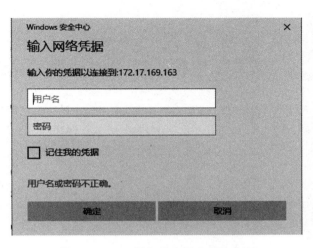

图 4 – 3 – 12　输入共享用户名和密码

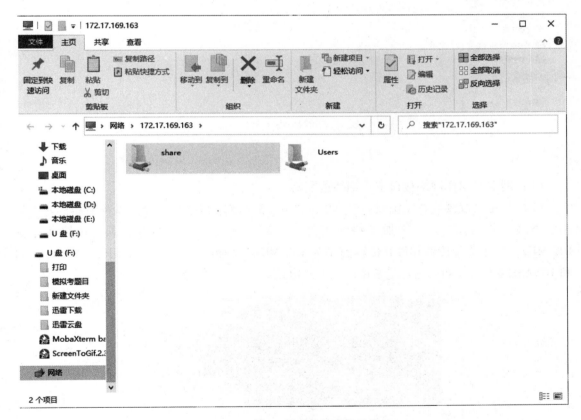

图 4 – 3 – 13　共享文件夹根目录

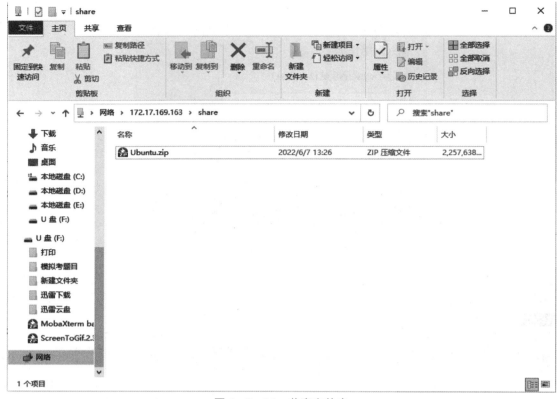

图 4－3－14　共享文件夹

【项目小结】

（1）网卡又叫作网络接口卡、网络适配器。

（2）常见的双绞线有 3 类线、5 类线（图 4－3－15）和超 5 类线，以及最新的 6 类线和 7 类线。其中，5 类线增加了绕线密度，外套一种高质量的绝缘材料，传输频率为 100 MHz，用于语音传输和最高传输速率为 100 Mbit/s 的数据传输，主要用于 100BASE－T 和 10BASE－T 以太网。它是最常用的以太网电缆。

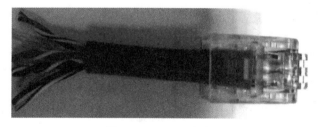

图 4－3－15　5 类线

（3）双绞线可分为非屏蔽双绞线和屏蔽双绞线。

（4）TCP/TP 已经成为当今网络的主流标准，该协议簇中有两个最重要的协议：TCP 和 IP。其中，TCP 主要用来管理网络通信的质量，保证网络传输不发生错误；IP 主要用来为网络传输提供通信地址，保证准确找到接收数据的计算机。

（5）IP 地址主要由两部分组成：一部分用于标识该地址从属的网络，即网络地址；另一部分用于指明网络中某台设备的主机号，即主机地址。

（6）IP 地址根据网络地址的不同分为 5 种类型：A 类 IP 地址、B 类 IP 地址、C 类 IP 地址、D 类 IP 地址和 E 类 IP 地址。

（7）在 IP 地址中，计算机是通过子网掩码来决定 IP 地址中的网络地址和主机地址的。地址规划组织委员会规定，用"1"代表网络部分，用"0"代表主机部分。

本项目主要介绍网络组建的基础知识，通过本项目的实践，应该对计算机网络这有进一步的理解。双机互连在生活中的应用十分广泛，非常适合家庭和小型办公室。它不需要太多的人力、物力，操作很容易。通过安装网卡、设置 TCP/IP，以及交叉线这一系列操作，把两台计算机连接起来，形成了最简单的双机互连网络。

【思考与练习】

一、填空题

1. 网卡又叫作（　　　　），也叫作（　　　　），是计算机和网络传输介质的接口。

2. 网卡通常可以按（　　　　）、（　　　　）和（　　　　）方式分类。

3. 双绞线可分为（　　　　）和（　　　　）。相同的设备连接用（　　　　），不同的设备连接用（　　　　）。

二、选择题

1. 用双绞线制作交叉线的时候，如果一端的线序标准是 EIA/TIA–568B，那么另一端的线序标准是（　　　　）。

A. 白绿　绿白橙　蓝　白蓝　橙　白棕　棕

B. 白绿　绿白橙　蓝　白蓝　白棕　棕　橙

C. 棕　白棕　橙　白绿　绿白橙　蓝　白蓝

D. 白绿　绿白橙　橙　白棕　棕　蓝　白蓝

2. 在常用的网络传输介质中，带宽最大、信号传输衰减最小、抗干扰能力最强的是（　　　　）。

A. 双绞线　　　　B. 同轴电缆　　　　C. 光纤　　　　D. 微波

3. 局域网的典型特征是（　　　　）。

A. 数据传输速率高、范围大、误码率低

B. 数据传输速率低、范围大、误码率高

C. 数据传输速率高、范围小、误码率低

D. 数据传输速率低、范围小、误码率低

4. IPv4 将 IP 地址划分为（　　　　）类。

A. 4　　　　B. 3　　　　C. 2　　　　D. 6

5. 屏蔽双绞线的最大传输距离是（　　　　）。

A. 100 m　　　　B. 500 m　　　　C. 1 000 m　　　　D. 2 000 m

三、问答题

1. 什么是网卡？它的作用是什么？

2. 直连线和交叉线的区别是什么？

3. 如何判断两台计算机是否真正连通？

四、能力拓展题

1. 根据任务三"知识拓展"中的介绍，请在 PC1 上共享一个文件夹，使 PC2 也能共享该文件夹。

2. 如何能使已经建立了双机互连的 PC 能够共享一台打印机？

项目五

组建办公网络

在日常的工作中，有大量的文档需要及时处理，相关信息需要及时上网查找和下载，此外，在管理工作中，也有许多复杂的工作流程需要安排，领导需要依据部门提供的信息，做出重要的决定……针对以上办公时出现的各种问题，拥有一套智能化、信息化的办公网络系统，实现资源共享，对办公人员和决策者来说，其效率是显而易见的。

【项目描述】

为了实现资源的共享、网络的高效管理、工作信息的快速更新、网络速度的提高，我们可以使用各种网络设备来组建一个办公网络，以使办公室内各台计算机能够相互通信并连接Internet。

本项目具体需要考虑以下几个问题。

（1）需要多少台计算机连接 Internet？

（2）需要哪些网络设备？

（3）这些网络设备怎样互相连接？

（4）企业网络怎样连接到 Internet？

【项目需求】

实验设备：华为 S1730S – L16T – MA 交换机（1 台）、华为 ar1220C – S 路由器（1 台）、PC（若干台）、双绞线（若干根）。

【相关知识点】

（1）常见的网络连接设备；

（2）计算机网络的分类。

【项目分析】

（1）规划计算机网络；

（2）设计计算机网络；

（3）组建办公网络。

任务一　规划计算机网络

【任务描述】

规划计算机网络，需要考虑需求分析和网络规划两个方面。

需求分析的目的是明确组建什么样的计算机网络。为了满足用户当前和将来的业务需求，网络规划人员要对用户的需求进行深入的调查研究。

网络规划人员应该从尽量降低成本、尽可能提高资源利用率等方面出发，本着先进性、安全性、可靠性、开放性、可扩充性和资源最大限度共享的原则进行网络规划。网络规划的结果要以书面的形式提交给用户。

【任务实施】

步骤1：需求分析包括可行性分析、环境分析、功能和性能需求分析、成本/效益分析等。

（1）可行性分析。

可行性分析的目的是确定用户的需求，网络规划人员应该与用户（具有决策权的用户）一起探讨。图5-1-1所示为可行性分析需注意的几个方面。

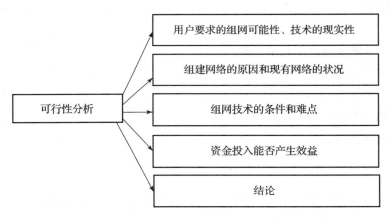

图5-1-1　可行性分析需注意的几个方面

（2）环境分析。

环境分析是指确定局域网日后的覆盖范围，如图5-1-2所示。

（3）功能和性能需求分析。

功能和性能需求分析是指了解用户以后利用网络从事什么业务活动以及业务活动的性质，从而确定组建具有什么功能的网络，如图5-1-3所示。

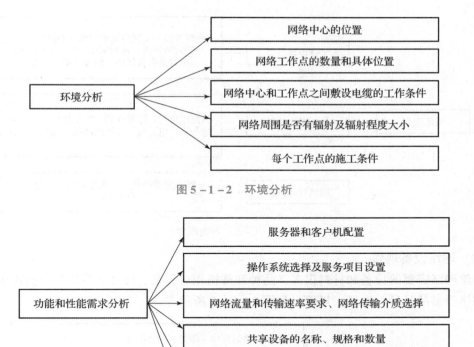

图 5 – 1 – 2 环境分析

图 5 – 1 – 3 功能和性能需求分析

（4）成本/效益分析。

成本/效益分析是指在组网之前充分调查网络的效益问题，如图 5 – 1 – 4 所示。

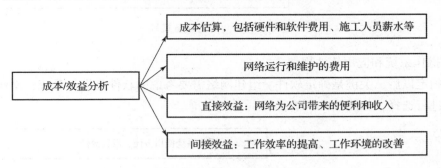

图 5 – 1 – 4 成本/效益分析

步骤 2：网络规划需要考虑场地、网络设备、操作系统、应用软件、网络管理、资金等因素。

（1）场地规划。

场地规划的目的是确定设备、网络线路的合适位置，如图 5 – 1 – 5 所示。

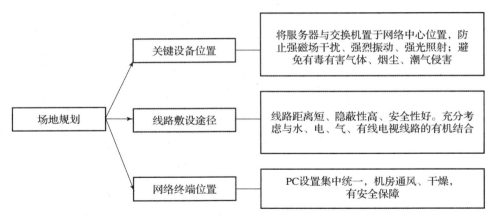

图 5 – 1 – 5　场地规划

（2）网络设备规划。

组建网络需要的设备和材料很多，品种和规格相对复杂。设计人员应该根据需求分析来确定网络设备的品种、数量、规格，如图 5 – 1 – 6 所示。

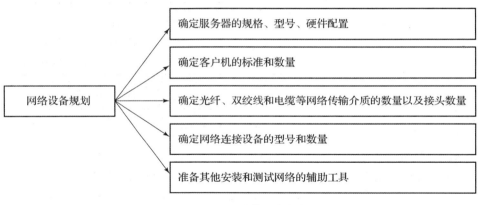

图 5 – 1 – 6　网络设备规划

（3）操作系统和应用软件规划

硬件确定以后，关键是确定软件。组建网络需要考虑的软件是操作系统，操作系统可以根据需求进行选择，如图 5 – 1 – 7 所示。

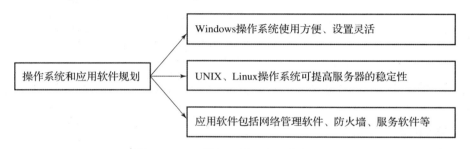

图 5 – 1 – 7　操作系统和应用软件规划

（4）网络管理规划

网络投入运行后，需要做大量的管理工作。为了方便用户进行管理，设计人员在规划时应该考虑网络管理的易操作性、通用性，如图 5 - 1 - 8 所示。

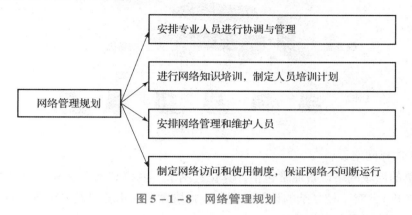

图 5 - 1 - 8 网络管理规划

（5）资金规划

如果网络项目是本企业的项目，设计人员应该对资金需求进行有效预算，做到资金有保障，避免项目流产，如图 5 - 1 - 9 所示。

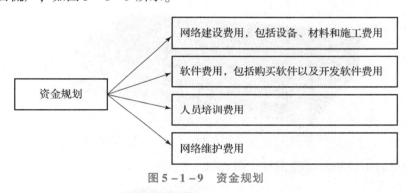

图 5 - 1 - 9 资金规划

任务二 设计计算机网络

【任务描述】

网络就是将一些网络传输设备连接在一起，在软件的控制下，相互进行信息交换的计算机集合。网络设计是在对网络进行规划以后，着手网络组建的第 1 步，其成败与否关系到网络的功能和性能。网络设计主要包括网络硬件设备配置、网络拓扑结构设计和操作系统选择等几个方面。

【任务实施】

步骤 1：现实中使用较普遍的是星型网络结构。对于简单的网络，通常采用星型网络结构，或者总线 - 星型混合网络结构。通过了解网络的基本情况，可以画出网络拓扑图，如

图 5 - 2 - 1 所示。

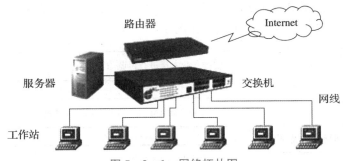

图 5 - 2 - 1　网络拓扑图

步骤 2：选择网络设备。

通常简单的局域网络设备通常包括计算机、网卡、网络传输介质和交换设备（转发器、集线器和交换机），对于较复杂的计算机网络，通常需要路由器以及光纤等设备。

根据网络拓扑图采购网络设备。

本任务中选购的是华为 S1730S – L16T – MA 交换机，它有 16 个端口，如图 5 – 2 – 2 所示。

图 5 - 2 - 2　华为 S1730S – L16T – MA 交换机

另外选购华为 ar1220c – s 路由器，图 5 – 2 – 3 所示。

图 5 - 2 - 3　ar1220c – s 路由器

接下来需要连接这些网络设备。

【理论知识】

一、选择常用网络设备时应注意的事项

1. 服务器

要求主板尺寸大，具有较多的 PCI 插槽和内存插槽，电源输出功率大，电压稳定，噪声小，主频和内存符合性能需求。

2. 网卡

要求传输速率适合网络要求，一般为 10/100 Mbit/s 自适应网卡，总线类型要符合主板插槽类型，接口类型应与网络传输介质对应。

3. 集线器

根据网络速度、连接计算机的数量选择产品类型。按速率有 10 Mbit/s、100 Mbit/s 或 10/100 Mbit/s 自适应集线器，按接口有 8 口、16 口或 24 口集线器。

4. 交换机

其性能优于集线器，但价格较高，随着电子器件价格的降低目前已成为主流。

5. 网络传输介质

根据不同需求选择网络传输介质，局域网内一般选用 5 类或超 5 类非屏蔽双绞线，主干网络采用光纤。

二、计算机网络的分类

为了组建办公网络，还需要了解计算机网络的分类以及工作原理等相关知识。

计算机网络的分类标准有很多，可以从覆盖范围、拓扑结构、交换方式、传输介质、通信方式等方面进行分类。

1. 根据计算机网络的覆盖范围分类

根据计算机网络的覆盖范围，计算机网络可以分为 3 种基本类型：局域网、城域网和广域网。这种分类方法也是目前比较流行的一种方法。

1）局域网

局域网也称为局部网，是指在有限的地理范围内构成的规模相对较小的计算机网络。它具有很高的传输速率（1~20 Mbit/s），其覆盖范围一般不超过几十千米。通常将一座大楼或一个校园内分散的计算机连接起来构成局域网。它的特点是分布距离小（通常在 1 000~2 000 m 范围内），数据传输速度高，连接费用低，数据传输可靠，误码率低。目前，很多企事业单位都有自己的局域网，在一些办公室、家庭、宿舍中也可以组建局域网。

2）城域网

城域网也称为市域网，它是在一个城市内部组建的计算机网络，提供全市的信息服务。城域网是介于广域网与局域网之间的一种高速网络，其覆盖范围可达数百千米，数据传输速率为 64 kbit/s~几 Gbit/s。通常将一个地区或一座城市内的局域网连接起来构成城域网。城域网一般具有以下几个特点：采用的传输介质相对复杂；数据传输速率次于局域网；数据传输距离比局域网要大，信号容易受到干扰；组网比较复杂，成本较高。

3）广域网

广域网也称为远程网，它的连网设备分布范围很广，一般从几十千米到几千千米。它所涉及的地理范围可以是市、地区、省、国家，乃至世界，如人们日常使用的 Internet。广域网是通过卫星、微波、无线电、电话线、光纤等网络传输介质连接的国家网络和国际网络，它是全球计算机网络的主干网络。广域网一般具有以下几个特点：地理范围没有限制；网络传输介质复杂；由于长距离的传输，数据传输速率较低，且容易出现错误，采用的技术比较复杂；是一个公共的网络，不属于任何一个机构或国家。

2. 根据计算机网络的交换方式分类

根据计算机网络的交换功能，可以将计算机网络分为电路交换网、报文交换网和分组交换网3种类型。

1）电路交换网

电路交换方式是在用户开始通信前，先申请建立一条从发送端到接收端的物理信道，并且在双方通信期间始终占用该信道。

2）报文交换网

报文交换方式是把要发送的数据及目的地址包含在一个完整的报文内，报文的长度不受限制。报文交换方式采用存储–转发原理，每个中间节点要为途经的报文选择适当的路径，使其能最终到达目的端。

3）分组交换网

分组交换方式是在通信前，发送端先把要发送的数据划分为一个个等长的单位（即分组），这些分组逐个由各中间节点采用存储–转发方式进行传输，最终到达目的端。分组长度有限，可以比报文更加方便地在中间节点计算机的内存中进行存储处理，其转发速度大大提高。

3. 根据计算机网络的传输介质分类

根据计算机网络的传输介质，可以将计算机网络分为有线网、光纤网和无线网3种类型。

1）有线网

有线网是采用同轴电缆或双绞线连接的计算机计算机网络。用同轴电缆连接的网络成本低，安装较为便利，但数据传输速率和抗干扰能力一般，传输距离较短。用双绞线连接的计算机网络价格低，安装方便，但其易受干扰，数据传输速率也比较低，且传输距离比用同轴电缆连接的计算机网络短。

2）光纤网

光纤网也是有线网的一种，但由于它的特殊性而单独列出。光纤网采用光导纤维作为网络传输介质。光纤传输距离长，数据传输速率高；抗干扰性强，不会受到电子监听设备的监听，是高安全性网络的理想选择。但其成本较高，且需要高水平的安装技术。

3）无线网

无线网是用电磁波作为载体来传输数据的，目前无线网连网费用较高，还不太普及，但其连网方式灵活方便，是一种很有前途的连网方式。

4. 其他分类方法

（1）按计算机网络的带宽和传输能力，可将计算机网络划分为基带网和宽带网。

（2）按计算机网络的使用性质，可将计算机网络划分为公用网和专用网。

（3）按计算机网络的工作模式，可将计算机网络划分为客户/服务器网和对等网。

三、局域网简介

1. 以太网

以太网协议是当今现有的局域网最通用的通信协议，以太网协议是一组以 IEEE802.3 标准定义的局域网协议集。以太网采用带有碰撞检测的载波侦听多路访问（CSMA/CD）机制。

CSMA/CD 协议是一种分布式介质访问控制协议，网中的各个站（节点）都能独立地决定数据帧的发送与接收。每个站在发送数据帧之前，首先要进行载波监听，只有介质空闲时，才允许发送帧。这时，如果两个以上的站同时监听到介质空闲并发送帧，则会产生冲突现象，这使发送的帧都成为无效帧，发送随即宣告失败。每个站必须有能力随时检测冲突是否发生，一旦发生冲突，则停止发送，以免介质带宽因传送无效帧被白白浪费，然后随机延时一段时间后，再重新争用介质，重新发送帧。CSMA/CD 协议简单、可靠，其网络系统（如以太网）被广泛使用。

CSMA/CD 控制过程包含 4 个处理内容：侦听、发送、检测、冲突处理。

1）侦听

通过专门的检测机构，在站点准备发送前先侦听总线上是否有数据正在传送（线路是否"忙"）。

若线路"忙"，则进入后续的"退避"处理程序，进而进一步反复进行侦听工作。

若线路"闲"，则决定发送数据。

2）发送

当确定发送数据后，通过发送机构向总线发送数据。

3）检测

发送数据后，也可能发生数据碰撞。因此，要对数据边发送，边侦听，以判断是否发生冲突。

4）冲突处理

当确认发生冲突后，进入冲突处理程序。冲突情况有以下两种。

（1）在侦听过程中发现线路"忙"。

（2）在发送数据过程中发现数据碰撞。

①若在侦听中发现线路"忙"，则等待一个延时后再次侦听，若线路仍然"忙"，则继续延时等待，直到可以发送数据为止。每次延时的时间不一致，由退避算法确定延时值。

②若在发送数据过程中发现数据碰撞，则先发送阻塞信息，强化冲突，再进行侦听工作，以待下次重新发送数据（方法同①）。

这种结构具有费用低、数据端用户入网灵活、站点或某个端用户失效不影响其他站点或端用户通信的优点。其缺点是一次仅能有一个端用户发送数据，其他端用户必须等待获得发送权；媒体访问获取机制较复杂；维护难，分支节点故障查找难。尽管有上述缺点，但由于布线要求简单，扩充容易，端用户失效、增删不影响全网工作，所以它是局域网组建中使用最普遍的一种。

2. 标准以太网

最初以太网只有 10 Mbit/s 的吞吐量，使用的是 CSMA/CD（带有碰撞检测的载波侦听多路访问）的访问控制方法，这种早期的 10 Mbit/s 以太网称为标准以太网。以太网主要有两种传输介质，即双绞线和同轴电缆。所有以太网都遵循 IEEE 802.3 标准，下面列出 IEEE 802.3 的一些以太网络标准，在这些标准中前面的数字表示数据传输速率，单位是"Mbit/s"，最后一个数字表示单段网线长度（基准单位是 100 m），Base 表示"基带"，Broad 表示"带宽"。

（1）10Base – 5，使用粗同轴电缆，最大网段长度为 500 m，使用基带传输方法。

（2）10Base – 2，使用细同轴电缆，最大网段长度为 185 m，使用基带传输方法。

（3）10Base – T，使用双绞线电缆，最大网段长度为 100 m。

（4）1Base – 5，使用双绞线电缆，最大网段长度为 500 m，数据传输速率为 1 Mbit/s。

（5）10Broad – 36，使用同轴电缆，最大网段长度为 3 600 m，是一种宽带传输方式。

（6）10Base – F，使用光纤传输介质，数据传输速率为 10 Mbit/s。

3. 快速以太网

随着网络的发展，传统标准的以太网技术已难以满足日益增长的网络数据流量需求。Grand Junction 公司推出了世界上第一台快速以太网集线器 Fastch10/100 和网卡 FastNIC100，快速以太网技术正式得以应用。1995 年 3 月，IEEE 宣布了 IEEE802.3u 100Base – T 快速以太网标准（Fast Ethernet），开始了快速以太网的时代。

快速以太网具有许多的优点，主要体现在快速以太网技术可以有效地保障用户在布线基础实施上的投资，它支持 3、4、5 类双绞线以及光纤的连接，能有效地利用现有的设施。100 Mbit/s 快速以太网标准又分为：100Base – TX 、100Base – FX、100Base – T4 三个子类。

（1）100Base – TX 是一种使用 5 类数据级无屏蔽双绞线或屏蔽双绞线的快速以太网技术。它的最大网段长度为 100 m。它支持全双工的数据传输。

（2）100Base – FX 是一种使用光缆的快速以太网技术，可使用单模和多模光纤。它支持全双工的数据传输。100base – FX 特别适合有电气干扰的环境、较大距离连接或高保密环境等情况下的应用。

（3）100Base – T4 是一种可使用 3、4、5 类无屏蔽双绞线或屏蔽双绞线的快速以太网技术，符合 EIA586 结构化布线标准，最大网段长度为 100 m。

4. 千兆以太网

千兆以太网技术作为最新的高速以太网技术，给用户带来了优化核心网络的有效解决方案，这种解决方案的最大优点是继承了传统以太网技术价格低的优点。千兆以太网技术采用了与 10 Mbit/s 以太网相同的帧格式、帧结构、网络协议、全/半双工工作方式、流控模式以及布线系统。由于该技术不改变传统以太网的桌面应用、操作系统，因此可与 10 Mbit/s 或 100 Mbit/s 的以太网很好地配合工作。升级到千兆以太网不必改变网络应用程序、网管部件和网络操作系统，能够最大限度地进行投资保护。

5. 10 Gbit/s 以太网

10 Gbit/s 的以太网标准由 IEEE 802.3 工作组于 2000 年正式制定，10 Gbit/s 以太网仍使用与 10 Mbit/s 和 1 000 Mbit/s 以太网相同的形式，它允许直接升级到高速网络。它同样使用 IEEE 802.3 标准的帧格式、全双工业务和流量控制方式。

6. 虚拟局域网

虚拟局域网（VLAN）在不改动网络物理连接的情况下，可以任意将工作站在工作组或子网之间移动，工作站组成逻辑工作组或虚拟子网，以提高信息系统的运作性能，均衡网络数据流量，合理利用硬件及信息资源。同时，利用虚拟网络技术，可减轻网络管理和维护工作的负担，降低网络维护费用。

企业在内部局域网中划分 VLAN，主要基于以下几个考虑因素。

1）提高网络性能

当网络规模很大时，网络中的广播信息很多，会使网络性能恶化，甚至形成广播风暴，引起网络堵塞。可以通过划分很多 VLAN 来减少整个网络范围内广播包的传输，因为广播信息是不会跨过 VLAN 的，可以把广播限制在各个虚拟网络的范围内，即缩小广播域，提高网络的传输效率，从而提高网络性能。

2）增强网络安全性

各虚拟网络之间不能直接进行通信，而必须通过路由器转发信息，这为高级的安全控制提供了可能，增强了网络的安全性。在大规模的网络中，比如一个大企业的各个部门之间，数据是保密的，相互之间只能提供接口数据，其他数据是保密的。可以通过划分 VLAN 对不同部门进行隔离。

3）集中化的管理控制

同一部门的人员分散在不同的物理地点，因业务需要，企业仍需要按部门进行管理。因此，可按部门划分 VLAN。既可以确保各部门之间数据的保密性，也能保证部门内部资源得到更方便的共享。

四、数据报和虚电路

从层次上，广域网中的最高层是网络层。网络层为连接在网络上的主机所提供的服务有两大类，即无连接的网络服务和面向连接的网络服务。这两种服务的具体实现就是通常所说的数据报服务和虚电路服务。

1. 数据报服务

数据报服务是一种无连接的网络服务，发送方有数据可随时发送，而每个分组均携带完整的目的地址，并独立进行路由选择，如图 5 - 2 - 4 所示。

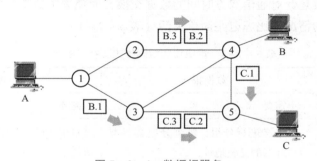

图 5 - 2 - 4　数据报服务

数据报服务的特点是网络随时都可接受主机发送的分组（即数据报）。网络为每个分组独立地选择路由。网络只是尽最大努力地将分组交付给目的主机，但网络对源主机没有任何承诺。网络不保证所传送的分组不丢失，也不保证按源主机发送分组的先后顺序以及在多长的时间内必须将分组交付给目的主机。

2. 虚电路服务

虚电路服务是网络层向网络层提供的一种面向连接的，使所有分组顺序到达目的系统的可靠的数据传输服务，如图5-2-5所示。

为了进行数据传输，需要在通信双方之间建立一条逻辑通路，因为这条逻辑通路不是专用的，所以把这条逻辑通路称为虚电路。虚电路一旦建立，也就完成了通信双方的路由选择，不必再为每个数据包分别选择传输路径。由于在同一通信过程中所有数据包均沿同一路径传输，因此，各个数据包是按照顺序到达目标端的。当一次通信过程完成后，需要拆除虚电路。

虚电路服务与数据报服务的本质差别表现为：是将顺序控制、差错控制和流量控制等通信功能交由通信子网完成，还是由端系统自己完成。

虚电路服务向端系统提供了无差错的数据传送，但是，在端系统只要求快速的数据传送，在不在乎个别数据块丢失的情况下，虚电路服务所提供的差错控制也就并不很必要。相反，有的端系统要求很高的数据传送质量，虚电路服务所提供的差错控制还不能满足要求，端系统仍然需要自己进行更严格的差错控制，此时虚电路服务所做的工作又略嫌多余。不过，在这种情况下，虚电路服务毕竟在一定程度上为端系统分担了一部分工作，在降低差错率方面起到了一定作用。

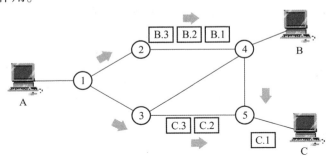

图5-2-5　虚电路服务

3. 虚电路和数据报的特点比较

虚电路分组交换是针对通信双方时间的数据交换，而免去了数据包的呼叫建立过程，在分组传输数量不多的情况下比虚电路简单灵活（表5-2-1）。

表5-2-1　虚电路和数据报主要特点的比较

对比方面	数据报	虚电路
建立连接	不需要	需要
编址	对报文进行分组，每个分组都有源和目标端的完整地址	对报文进行分组，每个分组都有一个短的虚电路号

续表

对比方面	数据报	虚电路
状态信息	不必存储状态信息	建立好的每条虚电路要求占用子网存储空间
路由选择	对每个分组独立进行，各个分组报可能经过不同的路径到达目标端	在建立虚电路的同时进行路由选择，所有分组沿同一路径顺序到达目标端
当节点出故障时的影响	除了系统故障导致分组丢失外，没有其他影响	所有通过故障节点的虚电路均不能工作
拥塞控制	难以实现	如果有足够的缓冲区分配给建立好的每条虚电路，将很容易实现拥塞控制

任务三 实现计算机之间的通信

首先需要连接交换机和各台计算机，实现办公室中各个计算机之间的通信。

【任务描述】

（1）学会使用交换机来连接各台计算机，组建办公网络。

（2）掌握交换机的工作原理，从而理解使用交换机组建网络的优点——提高网络速度、方便管理、提高安全性、改善网络的性能。

【任务实施】

步骤1：准备好连接交换机和计算机设备的双绞线（直连线），如图5-3-1所示。

步骤2：在工作台中摆放好交换机和计算机，注意交换机需要摆放平稳，交换机的接口方向需要正对自己，以方便随时插拔线缆。

图5-3-1 双绞线

步骤3：使交换机处于断电状态，把双绞线的一端插头插入计算机网卡接口，把另一端插头插入交换机端口，插入时注意按住双绞线插头上的卡片，插入时能听到清脆的"叭嗒"声音，轻轻抽回不松动。将8台计算机分别连接到交换机的8个端口，如图5-3-2所示。

图5-3-2 华为S1730S-L16T-MA交换机的端口

步骤4：连接交换机的电源上（图5－3－3），再给所有的设备加电。在交换机加电的过程中，会听到风扇转动的声音，同时所有以太网接口处于红灯闪烁的状态，这是设备在自动检查接口状态，当设备处于稳定状态时，有线路连接的接口会处于绿灯点亮状态，表示该线路处于连通状态。看到交换机的端口指示灯亮了就可以了。这时计算机之间就可以通信了。

图5－3－3　华为 S1730S－L16T－MA 交换机的电源接口

【理论知识】

在组建办公网络时，需要用到交换机、路由器等网络设备，下面介绍它们的相关知识。

一、交换机

二层交换机工作于 OSI/RM 参考模型的数据链路层。交换机的主要功能有学习、转发/过滤、消除回路等。目前交换机还具备了一些新的功能，如对 VLAN 的支持、对链路汇聚的支持，有的甚至还具有防火墙的功能。

（1）学习功能：交换机了解每一端口相连设备的 MAC 地址，并将 MAC 地址同相应的端口映射起来存放在交换机缓存的 MAC 地址表中。

（2）转发/过滤功能：当一个数据帧的目的地址在 MAC 地址表中有映射时，它被转发到连接目的节点的端口，而不是所有端口（如该数据帧为广播/组播帧则转发至所有端口）。

（3）消除回路功能：当交换机包括一个冗余回路时，以太网交换机通过生成树协议避免回路的产生，同时允许存在后备路径。

1. 交换机的工作原理

交换机可以识别数据包中的 MAC 地址信息，根据 MAC 地址进行转发，并将这些 MAC 地址与对应的端口记录在自己内部的一个 MAC 地址表中。

（1）当交换机从某个端口收到一个数据包时，它先读取包头中的源 MAC 地址，这样它就知道源 MAC 地址对应的主机是连在哪个端口上的。

（2）读取包头中的目的 MAC 地址，并在 MAC 地址表中查找相应的端口。

（3）若 MAC 地址表中有与目的 MAC 地址对应的端口，则把数据包直接复制到该端口。

（4）若 MAC 地址表中找不到相应的端口，则把数据包广播到所有端口上，当目的主机对源主机回应时，交换机又可以学习这一目的 MAC 地址与哪个端口对应，在下次传送数据时就不再需要对所有端口进行广播。

不断的循环这个过程，对于全网的 MAC 地址信息都可以学习到，二层交换机就是这样建立和维护它自己的 MAC 地址表的。

2. 交换机的交换方式

交换机通过以下 3 种方式进行交换。

1）直通式

直通式的交换机可以理解为在各端口间具有纵横交叉线路的矩阵电话交换机。它在输入端口检测到一个数据包时，检查该数据包的包头，获取数据包的目的地址，启动内部的动态查找表，转换成相应的输出端口，在输入与输出交叉处接通，把数据包直通到相应的端口，实现交换功能。由于不需要存储，传输延迟非常小、交换非常快，这是它的优点。它的缺点是，因为数据包内容并没有被交换机保存下来，所以无法检查所传送的数据包是否有误，不能提供错误检测能力。由于没有缓存，交换机不能将具有不同速率的输入/输出端口直接接通，而且容易丢包。

2）存储转发

存储转发是计算机网络领域应用最为广泛的交换方式。它把输入端口的数据包先存储起来，然后进行循环冗余码校验（CRC）检查，在对错误包处理后才取出数据包的目的地址，通过查找表转换成输出端口并送出数据包。正因如此，存储转发方式在数据处理时延迟大，这是它的不足，但是它可以对进入交换机的数据包进行错误检测，有效地改善网络性能。尤其重要的是它可以支持不同速度的端口间的转换，保持高速端口与低速端口间的协同工作。

3）碎片隔离

这是介于前两者之间的一种解决方案。它检查数据包的长度是否够 64 字节，如果小于 64 字节，说明是假包，则丢弃该包；如果大于 64 字节，则发送该包。这种方式也不提供数据校验。它的数据处理速度比存储转发方式快，但比直通式慢。

3. 交换机的分类

1）根据网络覆盖范围划分

（1）广域网交换机。

广域网交换机主要应用于电信城域网互联、互联网接入等领域的广域网中，提供通信的基础平台。

（2）局域网交换机。

局域网交换机是最常见的交换机，也是学习的重点。局域网交换机应用于局域网，用于连接终端设备，如服务器、工作站、集线器、路由器、网络打印机等网络设备，提供高速独立的通信通道。

2）根据网络传输介质和传输速度划分

根据交换机使用的网络传输介质及传输速度的不同，一般可以将交换机分为以太网交换机、快速以太网交换机、千兆（G 位）以太网交换机、10 千兆（10G 位）以太网交换机、FDDI 交换机、ATM 交换机和令牌环交换机等。

①以太网交换机

首先要说明的一点是，这里的"以太网交换机"是指带宽在 100 Mbit/s 以下的以太网所用的交换机。以太网交换机是最普遍和最便宜的，它的档次比较齐全，应用领域也非常广泛，在大大小小的局域网中都可以见到它们的身影。以太网包括 3 种网络接口——RJ-45、BNC 和 AUI，所用的传输介质分别为双绞线、细同轴电缆和粗同轴电缆。以太网并非只具有 RJ-45 接口，只不过双绞线类型的 RJ-45 接口在网络设备中非常普遍而已。当然现在的交换机通常不可能全是 BNC 或 AUI 接口的，因为目前采用同轴电缆作为传输介质的网络已经很少见，而一般是在 RJ-45 接口的基础上为了兼顾同轴电缆介质的网络连接，配上 BNC 或 AUI 接口。

二、集线器

集线器的主要功能是对接收到的信号进行再生整形放大，以延长网络的传输距离，同时把所有节点集中在以它为中心的节点上。它工作于 OSI/RM 第一层，即物理层。集线器与网卡、网线等网络设备一样，属于局域网中的基础设备，采用 CSMA/CD 访问方式。

1. 集线器的工作原理

在计算机网络中集线器采用广播（Broadcast）技术。在集线器工作过程中，无论从哪一个端口收到一个数据包，都将此数据包广播到其他端口。当集线器将数据包以广播方式发出时，连接在集线器端口上的网卡将判断这个数据包是否是发送给自己的，如果是，则根据以太网数据包所要求的功能执行相应的动作，如果不是，则丢掉这个数据包。集线器不具有寻址功能，所以它并不记忆每个端口所连接网卡的 MAC 地址。

2. 集线器的分类

集线器是管理网络的最小单元，是局域网的星型连接点。集线器是局域网中应用最广泛的连接设备，按配置形式可分为独立式集线器、模块化集线器和堆叠式集线器 3 种。

1）独立式集线器

独立式集线器是单个盒子，并服务于一个计算机工作组，与网络中的其他设备隔离。它可以通过双绞线与计算机连接，组成局域网。它最适合较小的独立部门、家庭办公室或实验室环境。

独立式集线器并不遵循某种固定的设计。它提供的端口数目也是不固定的，可以具有 4 个端口、8 个端口、12 个端口或 24 个端口。但另一方面，独立式集线器可以提供多达 200 个连接端口。使用这种带有这么多端口的单个集线器，其缺点是很容易导致网络的单点失败。一般而言，大型网络都会采用多个集线器（或其他网络连接设备）。

2）堆叠式集线器

堆叠式集线器类似于独立式集线器。从物理结构上看，堆叠式集线器被设计成与其他集线器连在一起，并被置于一个单独的电信机柜里；从逻辑上看，堆叠式集线器代表了一个大型集线器。使用堆叠式集线器有一个很大的好处，那就是计算机网络或工作组不必只依赖一个单独的集线器，这样可以避免单点失败。这种集线器可以堆叠起来的最大数目是不同的。举例来说，有些集线器制造商限制可堆叠的集线器的最大数目是 5 个，其他集线器制造商则可堆叠多达 8 个集线器。

3）模块式集线器

模块式集线器通过底盘提供了大量可选的接口选项。这使它使用起来比独立式集线器和堆叠式集线器更加方便灵活。和个人计算机一样，模块式集线器有主板和插槽，这样就可以插入不同的适配器。插入的适配器可以使模块式集线器与其他类型的集线器相连，或者与路由器、广域网相连，也可以与令牌环网或以太网的主干网相连。这些适配器也可以把模块式集线器连接到管理工作站或冗余设备上，如备用的电源。由于模块式集线器可以安装冗余部件，所以它在所有类型的集线器中可靠性是最高的。使用模块式集线器的另一个好处是：它提供了扩展插槽来连接增加的网络设备。另外，它还可以连接很多种不同类型的设备。换言之，根据网络需要，可以定制相应的模块式集线器。然而模块式集线器的价格也是最高的。小型网络使用模块式集线器有些大材小用。模块式集线器差不多都是智能型的。

3. 交换机和集线器的区别

从 OSI 体系结构来看，集线器属于 OSI 的第一层（物理层）设备，而交换机属于 OSI 的第二层（数据链路层）设备。这就意味着集线器只是对数据的传输起到同步、放大和整形的作用，对数据传输中的短帧、碎片等无法有效处理，不能保证数据传输的完整性和正确性；而交换机不但可以对数据的传输起到同步、放大和整形的作用，而且可以过滤短帧、碎片等。

从工作方式来看，集线器工作于广播模式下，也就是说，集线器的某个端口工作的时候其他所有端口都能收听到信息，这容易产生广播风暴。当网络较大的时候，网络性能会受到很大的影响，那么用什么方法可以避免这种现象的发生呢？交换机就能够起到这种作用，当交换机工作的时候只有发出请求的端口和目的端口之间相互响应，而不影响其他端口，那么交换机就能够隔离冲突域和有效地抑制广播风暴的产生。

从带宽来看，集线器不管有多少个端口，所有端口都共享一条带宽，在同一时刻只能有两个端口传送数据，其他端口只能等待；同时集线器只能工作在半双工模式下。而对于交换机而言，每个端口都有一条独占的带宽，两个端口工作时并不影响其他端口的工作，同时交换机不但可以工作在半双工模式下，还可以工作在全双工模式下。

4. 使用集线器/交换机组建局域网

使用两台以上的计算机组建局域网时，一般需要用到集线器或交换机等网络设备。如果组建的网络规模较小，计算机数量较少，只需一台集线器就可以满足网络连接的要求，可以采用单一集线器结构组网；如果网络中的计算机数量较多，一台集线器的端口数量不足以容纳所连接的计算机，可以采用两台以上的集线器级联结构或堆叠式集线器结构组网。在实际应用中，人们常常将单一集线器结构、堆叠式集线器结构与多集线器级联结构结合起来，才能实现企业网络的组建。

用集线器组建的局域网的特点是：组网成本低，施工、管理和维护简单。在网络结构上，把所有节点电缆集中在以集线器为中心的节点上。其连接方式基本上采用图 5 - 3 - 4 所示的星型拓扑结构或类似图 5 - 3 - 5 所示的星型总线拓扑结构，集线器位于节点的中心。

以集线器为节点中心的优点是：当网络中某条线路或某台计算机出现故障时，不会影响网上其他计算机的正常工作。其缺点主要有：集线器的每个端口的带宽（速度）随着接入用户的增多而不断减小；集线器不具备交换能力，所有传到集线器的数据均被广播到与之相连的各个端口，容易造成网络堵塞；集线器在同一时刻每个端口只能进行一个方向的数据通信，网络执行效率低，不能满足较大型网络的通信需求。

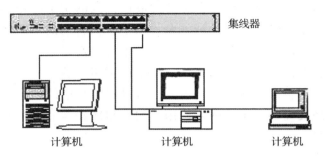

图 5 - 3 - 4　星型拓扑结构

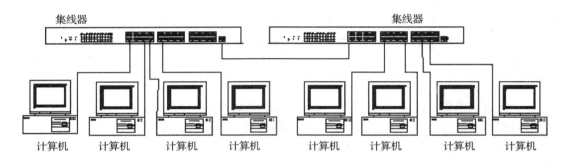

图 5 - 3 - 5　星型总线拓扑结构

目前，随着以太网交换技术日趋成熟，以太网交换机的成本迅速下降，以太网交换机在组建局域网中正在逐步取代集线器而成为主要的网络连接设备。10/100 Mbit/s 交换机成本的降低导致双速集线器正在逐步退出市场。10/100 Mbit/s 交换机已经成为企业组建局域网不可缺少的基本设备。工作在数据链路层的以太网交换机增加了网络的整体带宽，提供了局域网段之间的交换服务，打破了以集线器为主要网络设备而构建的共享式以太网工作模式，使以太网的规模和覆盖范围得以大幅增大，网络的性能、安全性和可管理性得到了极大的改善。

用交换机组建的交换式局域网的主要特点是：能够解决共享式局域网所带来的网络效率低、不能提供足够的网络带宽和网络不易扩展等一系列问题。它从根本上改变了共享式局域网的结构，解决了带宽瓶颈问题。交换式局域网可以构造 VLAN，通过网络管理功能或其他软件，对连接到交换机端口的网络用户进行逻辑分段，不受网络用户物理位置的限制；提高了网络整体带宽，解决了对网络带宽有一定限制的应用的需要，例如满足多媒体图像和声音传输的需要。

任务四　实现办公室计算机连接到 Internet

为了实现办公室计算机连接到 Internet，需要将交换机与路由器连接并实现上网功能。

【任务描述】

完成任务一后计算机之间即可以通信，但此时还不能连接 Internet，还需要将交换机连接到路由器，从而将该办公网络连接到 Internet。

【任务实施】

步骤1：准备好连接交换机和路由器的双绞线。

步骤2：在工作台中摆放好路由器，使路由器处于断电状态，把双绞线的一端插头插入交换机的 16 个端口中的任意空闲端口，将另一端插头插入路由器的局域网端口（图 5 – 4 – 1）。

图 5 – 4 – 1 华为 ar1220c – s 路由器端口

最后，选择 Internet 连接方式。

可以先上网查阅电信局的网站（图 5 – 4 – 2），选择"电信业务"→"宽带通信"选项，打开页面，选择 ADSL 业务。这时可以看到相关的具体介绍，包括收费标准等（图 5 – 4 – 3）。了解电信部门的 Internet 接入方式后，就可以携带相关证件去电信局申报安装了，申报成功后，安装相应的 ADSL 设备（图 5 – 4 – 4），就可以连接 Internet 了。

图 5 – 4 – 2 中国电信首页

图 5-4-3　ADSL 业务介绍

图 5-4-4　ADSL Modem

【理论知识】

一、路由器

路由器又称为选径器，是网络层互连设备。路由器连接的物理网络可以是同类网络，也可以是异类网络。例如，路由器可以实现局域网与局域网，局域网与广域网，广域网与广域网以及局域网、广域网和局域网等多种网络连接形式。

1. 路由器的工作原理

路由器工作于 OSI 七层协议中的第三层，其主要任务是接收来自一个网络接口的数据包，根据其中所含的目的地址，决定转发到哪一个目的地址。因此，路由器首先得在转发路由表中查找它的目的地址，若找到了目的地址，就在数据包的帧格前添加下一个 MAC 地址，同时 IP 数据包头的 TTL（Time To Live）域开始减数，并重新计算校验和。当数据包被送到输出端口时，它需要按顺序等待，以便被传送到输出链路上。

路由器在工作时能够按照某种路由通信协议查找设备中的路由表。如果到某一特定节点有一条以上的路径，则基本预先确定的路由准则是选择最优（或最经济）的传输路径。由于各种网络段及其相互连接情况可能因环境变化而变化，所以路由情况的信息一般也按所使用的路由信息协议的规定而定时更新。

2. 路由器的功能

每一台路由器都可以被指定以执行不同的任务，但所有的路由器都可以完成下面的工作：连接不同的网络、解析第三层信息、选择最优传输路径。为了完成这些任务，路由器需要具备以下功能。

（1）过滤出广播信息以避免网络拥塞。

（2）通过设定隔离和安全参数，禁止某种数据传输到网络。

（3）支持本地和远程同时连接。

（4）利用电源或网卡等冗余设备提供较高的容错能力。

（5）监视数据传输，并向管理信息库报告统计数据。

（6）诊断内部或其他连接问题并触发报警信号。

由于路由器所具有的功能较多，所以安装路由器并非易事。一般技术人员或工程师必须对路由技术非常熟悉才能知道如何放置和设置路由器方可发挥其最大的效能。

3. 路由器的类型

互联网上各种级别的网络中随处都可见到路由器。接入网络使家庭和小型企业可以连接到某个互联网服务提供商；企业网中的路由器连接一个校园或企业内的成千上万台计算机；骨干网中的路由器终端系统通常是不能直接访问的，它们连接长距离骨干网上的 ISP 和企业网络。互联网的快速发展无论对骨干网、企业网还是接入网都带来了不同的挑战。骨干网要求路由器能对少数链路进行高速路由转发。企业级路由器不但要求端口数目多、价格低廉，而且要求配置起来简单方便，并提供 QoS。

1）接入路由器

接入路由器连接家庭或 ISP 内的小型企业客户。目前接入路由器已经不只提供 SLIP 或 PPP 连接，还支持诸如 PPTP 和 IPSec 等虚拟私有网络协议。这些协议要能在每个端口上运行。诸如 ADSL 等技术将很快提高各家庭的可用宽带，这将进一步增加接入路由器的负担。由于这些趋势，接入路由器将来会支持许多异构和高速端口，并能够在各个端口运行多种协议，同时还要避开电话交换网。

2）企业级路由器

企业级路由器连接许多终端系统，其主要目标是以尽量便宜的方法实现尽可能多的端点互连，并且进一步要求支持不同的服务质量。许多现有的企业网络都是由集线器或网桥连接起来的以太网段。尽管这些设备价格低、易于安装、无须配置，但是它们不支持服务等级。相反，有路由器参与的网络能够将机器分成多个碰撞域，并因此能够控制一个网络的大小。此外，路由器还支持一定的服务等级，至少允许分成多个优先级别。但是路由器的端口造价要高些，并且在能够使用之前要进行大量的配置工作。因此，企业级路由器的成败就在于其是否提供大量端口且端口的造价很低，是否容易配置，是否支持 QoS。另外还要求企业级路由器有效地支持广播和组播。企业网络还要处理历史遗留的各种 LAN 技术，支持多种协议，包括 IP、IPX 和 Vine。它们还要支持防火墙、包过滤以及大量的管理和安全策略以及 VLAN。

3）骨干级路由器

骨干级路由器实现企业网络的互连。对它的要求是速度和可靠性，而代价则处于次要地位。硬件可靠性可以采用电话交换网中的技术，如热备份、双电源、双数据通路等来获得。这些技术对所有骨干路级由器而言差不多是标准的。骨干级路由器的主要性能瓶颈是在转发表中查找某个路由所耗费的时间。当收到一个数据包时，输入端口在转发表中查找该数据包的目的地址以确定其目的端口，当数据包较短或者要发往许多目的端口时，势必增加路由查找的代价。因此，将一些常访问的目的端口放到缓存中能够提高路由查找的效率。不管是输入缓冲还是输出缓冲路由器，都存在路由查找的瓶颈问题。除了性能瓶颈问题，路由器的稳定性也是一个常被忽视的问题。

4）多 WAN 路由器

早在 2000 年，北京欣全向工程师在研究一种多链路（Multi – Homing）解决方案时发现，全部以太网协议的多 WAN 口设备在中国存在巨大的市场需求。伴随着欣全向产品研发成功，我国第一台双 WAN 路由器于 2002 年诞生，我国第一款双 WAN 宽带路由器被命名为 NuR8021。

双 WAN 路由器具有物理上的 2 个 WAN 口作为外网接入，这样内网计算机就可以经过双 WAN 路由器的负载均衡功能同时使用 2 条外网接入线路，大幅提高了网络带宽。当前双 WAN 路由器主要有"带宽汇聚"和"一网双线"的应用优势，这是传统单 WAN 路由器做不到的。

二、路由选择

网络层的主要功能是通过路由算法为通信双方选择一条合适的路径。通信子网为通信双方提供了多条传输路径的可能性。在数据报方式中，网络节点要为每个分组做出路由选择；在虚电路方式中，在建立虚电路时进行路由选择。

路由选择策略分为静态路由选择策略与动态路由选择策略。

静态路由选择策略分为泛射路由算法、固定路由算法、随机路由选择。

动态路由选择策略分为独立路由选择、集中路由选择、分布路由选择。

三、网络阻塞控制

当通信子网中某一部分传输的分组数量过多时，会使部分网络来不及处理，导致这部分乃至整个网络性能下降，严重时会导致网络通信业务陷入停顿，出现网络阻塞现象。目前，控制网络阻塞的方法主要有：缓冲区预分配法、分组丢弃法、定额控制法。

（1）缓冲区预分配法。该方法用于虚电路分组交换网中。在建立虚电路时，让呼叫请求分组途经的节点为虚电路预先分配一个或多个数据缓冲区。若某个节点缓冲器已被占满，则呼叫请求分组另择路由，或者返回一个"忙"信号给呼叫者。这样，通过途经的各节点为每条虚电路开设的永久性缓冲区（直到虚电路拆除）就总能有空间来接纳并转送经过的分组。

（2）分组丢弃法。该方法不必预先保留缓冲区，当缓冲区占满时，将到来的分组丢弃。若通信子网提供的是数据报服务，则用分组丢弃法来防止网络阻塞不会引起大的影响。

（3）定额控制法。这种方法在通信子网中设置适当数量的称作"许可证"的特殊信息，一部分许可证在通信子网开始工作前预先以某种策略分配给各个源节点，另一部分则在通信子网开始工作后在网络中四处环游。当源节点要发送来自源端系统的分组时，它必须首先拥有许可证，并且每发送一个分组便注销一张许可证。目的节点则每收到一个分组并将其递交给目的端系统后，便生成一张许可证。这样便可确保通信子网中分组数量不会超过许可证的数量，从而防止网络阻塞的发生。

> ❀ 备注：
>
> 打开 IE 浏览器，在地址栏中输入一个网址（如 www.baidu.com），就能打开网页进行浏览。

【项目小结】

本项目是实用性很强的一个项目，目的是让学生学会如何组建一个能连接 Internet 的办公网络，并且在此过程中明白集线器、交换机、路由器在网络中的功能、工作原理及连接方法。

【知识拓展】

调制解调器（Modem）是在发送端通过调制将数字信号转换为模拟信号，而在接收端通过解调再将模拟信号转换为数字信号的一种设备。

计算机内的信息是由"0"和"1"组成的数字信号，而在电话线上传递的却只能是模拟电信号。于是，当两台计算机要通过电话线进行数据传输时，就需要一个设备负责数模转换。这个数模转换设备就是 Modem。计算机在发送数据时，先由 Modem 把数字信号转换为相应的模拟信号，这个过程称为"调制"。经过调制的信号通过电话载波传送到另一台计算机之前，也要由接收方的 Modem 把模拟信号还原为计算机能识别的数字信号，这个过程称为"解调"。正是这样一个"调制"与"解调"的数模转换过程，实现了两台计算机之间的远程通信。

【思考与练习】

一、选择题

1. 交换机工作在 OSI/RM 的（　　）。

A. 一层　　　　　　　B. 二层　　　　　　　C. 三层　　　　　　　D. 三层以上

2. 当交换机处在初始状态时，连接在交换机上的主机之间相互通信，采用（　　）通信方式。

A. 单播　　　　　　　B. 多播　　　　　　C. 组播　　　　　D. 不能通信

3. 以下对局域网的性能影响最大的是（　　　）。

A. 网络拓扑结构　　　　　　　　　　　B. 网络传输介质

C. 介质访问控制方式　　　　　　　　　D. 网络操作系统

4. 交换机不具有的功能是（　　　）。

A. 转发过滤　　　　　　　　　　　　　B. 回路避免

C. 路由转发　　　　　　　　　　　　　D. 地址学习

5. 在局域网中，通信设备主要指（　　　）。

A. 计算机　　　　　　　　　　　　　　B. 通信适配器

C. 集线器　　　　　　　　　　　　　　D. 交换机

6. 下面哪种网络设备工作在 OSI/RM 的第二层？（　　　）

A. 集线器　　　　　B. 交换机　　　　　C. 路由器　　　　D. 以上都不是

7. 10Base－T 使用下列哪种线缆？（　　　）

A. 粗同轴电缆　　　　　　　　　　　　B. 细同轴电缆

C. 双绞线　　　　　　　　　　　　　　D. 光纤

8. 局域网通常采用的网络拓扑结构是（　　　）。

A. 总线型　　　　　　B. 星型　　　　　C. 环型　　　　　D. 网状

9. Modem 的种类很多，最常用的是（　　　）。

A. 基带 Modem　　　　　　　　　　　B. 宽带 Modem

C. 高频 Modem　　　　　　　　　　　D. 音频 Modem

二、简答题

1. 简述交换机的工作原理。

2. 简述交换机和集线器的区别。

3. 简述计算机网络的分类。

项目六

组建家庭无线网络

　　小王家中原来有一台台式计算机，最近单位又给小王配了一台笔记本电脑。自从家里装了宽带之后，一家三口人经常为上网而争着使用台式计算机。组建一个有线局域网会影响居室美观，也不好布线。正好暑期各种硬件产品搞促销活动，其中无线网络设备促销信息让小王有了新的主意——建立自己的家庭无线网络。

【项目描述】

　　(1) 组建一个家庭无线网络，使全家的计算机都能接入该网络，实现资源共享；

　　(2) 让全家人的 Internet 都能同时连入 Internet。

【项目需求】

　　(1) 家庭能通过 ADSL 接入互联网；

　　(2) 笔记本电脑都具备无线网卡，支持 802.11a/b/g/n 协议；

　　(3) 具有路由和无线局域网 (WLAN) 功能的无线路由器。

【相关知识点】

　　所谓无线网络，就是利用无线电波作为信息传输媒介构成的无线局域网。无线网络与有线网络的用途十分类似，最大的不同在于信息传输媒介的不同。无线网络在家庭和小型企业中使用具有明显的优点。使用无线网络时，不必安装电缆来将单独的计算机连接在一起，而便携式计算机（比如膝上型计算机和笔记本电脑）就能够在室内漫游，同时保持它们的网络连接。

【项目分析】

　　目前常见的无线网络分为 GPRS 手机无线网络和无线局域网两种。应该说，GPRS 手机无线网络方式是目前真正意义上的无线网络，它借助移动电话网络接入 Internet，因此，只要用户所在城市开通了 GPRS 上网业务，用户在城市的任何一个角落都可以通过 GPRS 手机无线网络上网。不过，目前 GPRS 上网资费较高，所以本书仅围绕无线局域网展开介绍。

【任务实施】

一、设置本地 IP 地址与 Modem 于同一网段内

因为路由器的 IP 地址是 192.168.1.1，所以将计算机的 IP 地址设置为 192.168.1.3。

二、进入配置界面

使用浏览器打开"http://192.168.1.1"，账号、密码均为"admin"，如图 6 - 0 - 1 所示。

图 6 - 0 - 1 输入用户名和密码

出现图 6 - 0 - 2 所示界面，单击"前往设置"按钮。

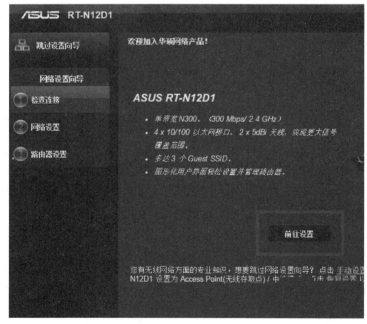

图 6 - 0 - 2 单击"前往设置"按钮

三、设置路由拨号功能

单击"自动设置"按钮，如图 6 – 0 – 3 所示。

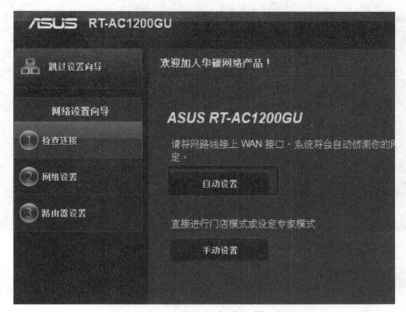

图 6 – 0 – 3　单击"自动设置"按钮

设置新的路由器登录密码，如图 6 – 0 – 4 所示。

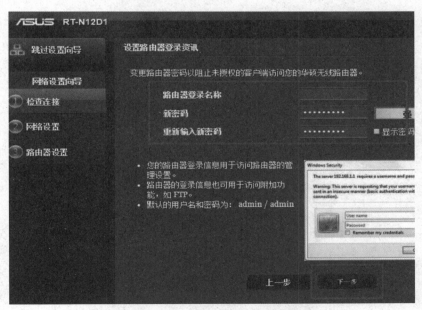

图 6 – 0 – 4　设置新的路由器登录密码

家庭 ADSL 采用 PPPOE 拨号上网模式，需要在无线路由器上设置 PPPOE 的账号和密码，使路由器能自动拨号上网，在图 6 – 0 – 5 所示界面中输入运营商提供的拨号的账号和密码。

图 6 - 0 - 5　输入运营商提供的拨号的用户名密码

四、设置无线网络

设置无线网络的界面如图 6 - 0 - 6 所示。

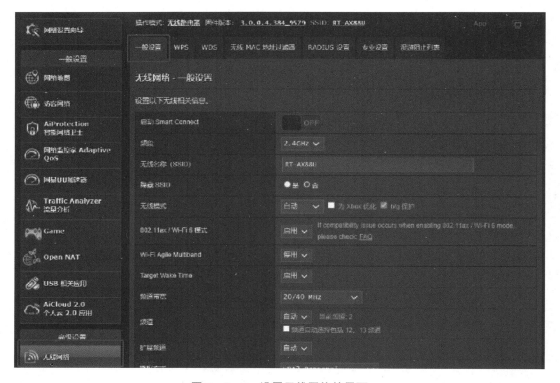

图 6 - 0 - 6　设置无线网络的界面

五、无线网络相关概念

1. SSID

SSID（Service Set Identifier）也可以写为 ESSID，它用于区分不同的网络，最多可以有 32 个字符。无线网卡设置了不同的 SSID 就可以进入不同的网络，SSID 通常由 AP 广播出来，通过系统自带的无线扫描功能可以查看当前区域内的 SSID。出于安全考虑可以不广播 SSID，此时用户需要手工设置 SSID 才能进入相应的网络。简单地说，SSID 就是一个局域网的名称，只有 SSID 相同的计算机才能互相通信。

通俗地说，SSID 便是用户给自己的无线网络所取的名字。需要注意的是，同一生产商推出的无线路由器或 AP 都使用了相同的 SSID，一旦那些企图非法连接的攻击者利用通用的初始化字符串来连接无线网络，就极易建立起一条非法的连接，从而给无线网络带来威胁。

无线路由器一般都会提供"允许 SSID 广播"功能。如果不想让自己的无线网络被别人通过 SSID 名称搜索到，那么最好设置"禁止 SSID 广播"。这时无线网络仍然可以使用，只是不会出现在其他人搜索到的可用网络列表中。

> ※ 提示/备注：
>
> 设置"禁止 SSID 广播"后，虽然无线网络的效率会受到一定的影响，但由此可以换取安全性的提高。

2. 信道

无线局域网信道列表是法律所规定的 IEEE 802.11 无线网络应该使用的无线信道。802.11 工作组划分了两个独立的频段：2.4 GHz 和 4.9/5.8 GHz。每个频段又划分为若干信道。每个国家自己制定如何使用这些频段的政策。

3. 无线网络模式

IEEE 在 1997 年为无线局域网制定了第一个版本标准——IEEE 802.11。其中定义了媒体存取控制层（MAC 层）和物理层。物理层定义了工作在 2.4 GHz 的 ISM 频段上的两种展频作调频方式和一种红外传输的方式，总数据传输速率设计为 2 Mbit/s。两个设备之间的通信可以设备到设备（ad hoc）的方式进行，也可以在基站（Base Station，BS）或者接入点的协调下进行。为了在不同的通信环境下取得良好的通信质量，可采用 CSMA/CA（Carrier Sense Multi Access/Collision Avoidance）硬件沟通方式。

1999 年加入两个补充版本：802.11a 定义了一个在 5 GHz 的 ISM 频段上的数据传输速率可达 54 Mbit/s 的物理层；802.11b 定义了一个在 2.4 GHz 的 ISM 频段上的数据传输速率高达 11Mbit/s 的物理层。2.4 GHz 的 ISM 频段为世界上绝大多数国家通用，因此 802.11b 得到了最为广泛的应用。苹果公司把自己开发的 802.11 标准称为 AirPort。1999 年，工业界成立了 Wi-Fi 联盟，致力于解决符合 802.11 标准的产品的生产和设备兼容性问题。

802.11 标准和补充可以归纳如下。

（1）IEEE 802.11，1997 年，原始标准（2 Mb/s，工作在 2.4 GHz）。

（2）IEEE 802.11a，1999 年，物理层补充（54 Mb/s，工作在 5 GHz）。

（3）IEEE 802.11b，1999 年，物理层补充（11 Mb/s，工作在 2.4 GHz）。

（4）IEEE 802.11c，符合 802.1D 的媒体接入控制层桥接（MAC Layer Bridging）。

（5）IEEE 802.11d，根据各国无线电规定所做的调整。

（6）IEEE 802.11e，对 QoS 的支持。

IEEE 802.11f，基站的互连性（Inter - Access Point Protocol，IAPP），于 2006 年 2 月被 IEEE 批准撤销。

（7）IEEE 802.11g，2003 年，物理层补充（54 Mb/s，工作在 2.4 GHz）。

（8）IEEE 802.11h，2004 年，无线覆盖半径的调整，室内（indoor）和室外（outdoor）信道（5 GHz 频段）。

（9）IEEE 802.11i，2004 年，无线网络的安全方面的补充。

（10）IEEE 802.11j，2004 年，根据日本规定所做的升级。

（11）IEEE 802.11l，预留及准备不使用。

（12）IEEE 802.11m，维护标准，互斥及极限。

（13）IEEE 802.11n，2009 年 9 月通过正式标准，无线局域网的数据传输速率由 802.11a 及 802.11g 提供的 54 Mb/s、108 Mb/s 提高到 350 Mb/s 甚至 475 Mb/s。

（14）IEEE 802.11p，2010 年，主要用于车用电子的无线通信。它的设定是从 IEEE 802.11 扩充延伸，以符合智慧型运输系统（Intelligent Transportation Systems，ITS）的相关应用。其应用层面包括高速率的车辆之间以及车辆与 5.9 GHz（5.85 ~ 5.925 GHz）波段的标准 ITS 路边基础设施之间的资料数据交换。

（15）IEEE 802.11k，2008 年，该协议规范规定了无线局域网频谱测量规范。该规范的制订体现了无线局域网对频谱资源智能化使用的需求。

（16）IEEE 802.11r，2008 年，快速基础服务转移，主要用于解决客户端在不同无线网络 AP 间切换时的延迟问题。

（17）IEEE802.11s，2007 年 9 月，拓扑发现、路径选择与转发、信道定位、安全、流量管理和网络管理。网状网络带来一些新的术语。

（18）IEEE 802.11w，2009 年，针对 802.11 管理帧的保护。

（19）IEEE 802.11x，包括 802.11a/b/g 等 3 个标准。

（20）IEEE 802.11y，2008 年，针对美国 3 650 ~ 3 700 MHz 的规定。

（21）IEEE 802.11ac，802.11n 之后的版本，工作在 5 GHz 频段，理论上可以提供高达每秒 1 Gb 的数据传输能力。

（22）IEEE 802.11ax，向下兼容，工作在 2.4 G/5 GHz 频段，理论上可以提供高达每秒 2 420 Mb 的数据传输能力。

4. 网络认证

选择授权方式（图 6 - 0 - 7）并输入 WPA - PSK 无线密码（图 6 - 0 - 8）。

"Open System" 是指无线网络信号不进行任何处理和加密，任何人都可以直接连接到此网络，很显然，这是一种非常不安全的方式，只能使用在安全要求较低的场合。

图 6-0-7　选择授权方式

WPA-PSK 无线密码	123456789

图 6-0-8　输入 WPA-PSK 无线密码

WEP（Wired Equivalent Privacy）安全技术源自名为 RC4 的 RSA 数据加密技术，以满足用户更高层次的网络安全需求。

WEP 协议是对在两台设备间无线传输的数据进行加密的方式，用以防止非法用户窃听或侵入无线网络。不过密码分析学家已经找出 WEP 的好几个弱点，因此，在 2003 年被WPA（Wi-Fi Protected Access）淘汰，又在 2004 年由完整的 IEEE 802.11i 标准（又称为WPA2）所取代。

WEP 是 802.11b 标准中定义的一个用于无线局域网的安全性协议。WEP 被用来提供和有线局域网同级的安全性。局域网天生比无线局域网安全，因为有线局域网的物理结构对其有所保护，部分或全部网络埋在建筑物里面也可以防止未授权的访问。但经由无线电波的无线局域网没有同样的物理结构，因此容易受到攻击、干扰。WEP 的目标就是通过对无线电波所携带的数据加密来提高安全性，如同端到端发送一样。WEP 使用了 RSA 数据安全有限公司开发的 rc4 ping 算法。如果无线基站支持 MAC 过滤，推荐连同 WEP 一起使用这个特性（MAC 过滤比加密安全得多）。

WPA 是一种基于标准的可互操作的无线局域网安全性增强解决方案，可大大增强现有以及未来无线局域网系统的数据保护和访问控制水平。WPA 源于正在制定中的 IEEE802.11i 标准并与之保持前向兼容。若部署适当，WPA 可保证无线局域网用户的数据受到保护，并且只有授权的网络用户才可以访问无线局域网。

由于 WEP 的不安全性，在 802.11i 协议完善前，WPA 为用户提供一个临时性的解决方案。该标准的数据加密采用 TKIP（Temporary Key Integrity Protocol），认证有两种模式可供选择，一种是使用 802.1x 协议进行认证；一种是预先共享密钥（Pre – Shared Key，PSK）模式。

WPA2 是 Wi – Fi 联盟对采用 IEEE 802.11i 安全增强功能的产品的认证计划。WPA2 认证的产品于 2004 年 9 月上市。目前，大多数企业和许多新的住宅 Wi – Fi 产品都支持 WPA2。WPA2 已经成为一种强制性的标准。

WPA2 需要采用高级加密标准（AES）的芯片组。WPA2 有两种风格：WPA2 个人版和 WPA2 企业版。WPA2 企业版需要一台具有 802.1X 功能的 RADIUS（远程用户拨号认证系统）服务器。没有 RADIUS 服务器的 SOHO 用户可以使用 WPA2 个人版，其口令长度为 20 个以上的随机字符，或者使用 McAfee 无线家庭安全软件或者 WiTopia SecureMyWiFi 等托管的 RADIUS 服务。

WPA3 是 Wi – Fi 联盟于 2018 年发布的新一代 Wi – Fi 加密协议，它对 WPA2 进行了改进，增加了许多新的功能，为用户和 Wi – Fi 网络之间的数据传输提供更加强大的加密保护。根据 Wi – Fi 网络的用途和安全需求不同，WPA3 分为 WPA3 个人版、WPA3 企业版以及针对开放性 Wi – Fi 网络的 OWE 认证。

5. 设置无线 MAC 地址过滤

设置无线 MAC 地址过滤，如图 6 – 0 – 9 所示。

图 6 – 0 – 9　设置无线 MAC 地址过滤

在允许模式下，只允许计算机无线网卡 MAC 地址在访问控制名单中的计算机使用网络；在拒绝模式下，不允许计算机无线网卡 MAC 地址在访问控制名单中的计算机使用网络。

6. 开启 DHCP 服务

如图 6 – 0 – 10 所示，开启无线路由器的 DHCP 服务（华硕路由器默认开启），使客户机连接到此 IP 地址时可以自动获得各项网络参数。

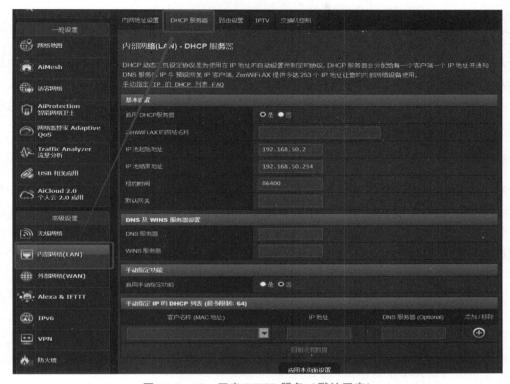

图 6 – 0 – 10　开启 DHCP 服务（默认开启）

7. 设置无线局域网客户端

如图 6 – 0 – 11 所示，单任务栏右侧的无线网络图标。

如图 6 – 0 – 12 所示，选择之前配置的 SSID（无线名称，以下仅为演示，SSID 如图 6 – 0 – 7 所示）。

图 6 – 0 – 11　单击无线网络图标

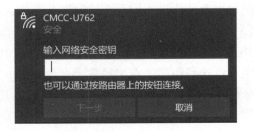

图 6 – 0 – 12　选择网络并输入网络安全密钥

输入之前配置的网络安全密码（WPA – PSK 无线密码，如图 6 – 0 – 8 所示）。

当出现图6-0-13所示界面时表示连接成功。

图6-0-13　连接成功

【理论知识】

无线局域网是使用无线连接的局域网。它使用无线电波作为数据传输的媒介，传输距离一般为几十米。无线局域网的主干网络通常使用电缆连接，无线局域网用户通过一个或更多WAP接入无线局域网。无线局域网现在已经广泛应用于商务区、大学、机场及其他公共区域。

一、Wi-Fi技术

Wi-Fi俗称"无线宽带"。802.11b有时也被错误地标为Wi-Fi，实际上Wi-Fi是无线局域网联盟（WLANA）的一个商标，该商标仅保障使用该商标的商品互相可以合作，与标准本身实际没有关系。后来人们逐渐习惯用Wi-Fi来称呼802.11b协议。它的最大优点就是数据传输速率较高，可以达到11 Mb/s，另外它的有效距离也很长，同时与已有的各种802.11设备兼容。

IEEE 802.11b无线网络规范是IEEE 802.11网络规范的变种，最高带宽为11 Mbit/s，在信号较弱或有干扰的情况下，带宽可调整为5.5 Mb/s、2 Mb/s和1 Mb/s，带宽的自动调整有效地保障了网络的稳定性和可靠性。其主要特性为：速度快；可靠性高；在开放性区域，通信距离可达305 m，在封闭性区域，通信距离为76~122 m，方便与现有的有线以太网络整合，组网的成本更低。

二、无线网络的突出优势

（1）无线电波的覆盖范围广，基于蓝牙技术的无线电波覆盖范围非常小，半径大约只有15 m，而Wi-Fi的覆盖范围半径则可达90 m左右。

（2）虽然由Wi-Fi技术传输的无线通信质量不是很好，数据安全性能比蓝牙差一些，传输质量也有待改进，但其传输速度非常快，符合个人和社会信息化的需求。

（3）节省费用，生产厂商只要在机场、车站、咖啡店、图书馆等人员较密集的地方设置"热点"，并通过高速线路将Internet接入上述场所。这样，由于"热点"所发射出的无线电波可以达到距接入点半径数十米至100 m的地方，用户只要将支持无线局域网的设备拿到该区域内，即可高速接入Internet。也就是说，生产厂商不用耗费资金进行网络布线，从而节省了大量的成本。

三、无线网络的缺点

相对于有线网络而言，无线网络的安全可以说是最大的问题，除了黑客攻击和病毒侵袭等问题，无线网络还存在未授权用户的非法共享问题。对于这个问题，可以通过对 WEP 密码和 IP 访问控制等相关的 AP 设置选项进行设定来解决。

另外一个问题就是信号的接收问题，虽然无线网络免去了布线的烦恼，但是它同样也给用户出了一个难题，那就是如何才能保证更稳定的信号接收，减少信号的衰减，要尽量选择质量好的 AP 和无线网卡，并将其置于干扰较少的环境中，这是良好信号的保证。

四、Wi-Fi 的组成

一般组建无线网络的基本设备是无线网卡及 AP，如此网络便能以无线模式工作，配合既有的有线架构分享网络资源，架设费用和复杂程度远远低于传统的有线网络。对于只有几台计算机的对等网，也可不用 AP，只需要每台计算机配备无线网卡即可。AP 主要在媒体存取控制层（MAC）中扮演无线工作站与有线局域网的桥梁。AP 就像一般有线网络的集线器一般，可以使无线工作站快速且轻易地与网络相连。特别是对于宽带的使用，Wi-Fi 更具优势，有线宽带网络（ADSL、小区 LAN 等）到户后，连接到一个 AP，然后在计算机中安装一块无线网卡即可。普通的家庭有一个 AP 已经足够，甚至用户的邻里得到授权后，无须增加端口，也能以共享的方式上网。

【知识拓展】

Wi-Fi 对人身体有害吗？

要回答这个问题，需要回答以下三个问题。

（1）Wi-Fi 信号是什么？

（2）Wi-Fi 信号如何对人体起作用？

（3）这种作用对人体有害吗？

Wi-Fi 信号属于电磁波，它其实与手机信号并无本质区别，都属于电磁波中的微波波段，一般为 800~2 500 MHz 波段，目前还没有真正有力的科学依据表明它会破坏人体 DNA 或蛋白质结构，从而影响人的身体健康。

通常把电磁波对物体的作用叫作辐射，辐射又分为电磁辐射（光、微波、Wi-Fi 信号等）和电离辐射（X 射线、γ 射线等）。前者的能量很小，只有长时间大剂量接受（比如日光浴）才有可能对人造成伤害，即使是后者，只要注意防护，是不会对人体产生伤害的。

电磁波根据频率不同可以分为 FM 信号、手机信号、Wi-Fi 信号、可见光、X 射线及 γ 射线等。图 6-0-14 所示为不同频率下的电磁波的通用名称，Wi-Fi 的频率为 2 400 MHz，它属于分米波，而毫米波、厘米波和分米波统称为微波。

那么，Wi-Fi 信号是如何对人体起作用的呢？Wi-Fi 信号是微波的一种，微波对人体的主要作用为热效应。热效应主要是生物体内极性分子在微波高频电场的作用下快速运动而摩擦生热，对人体而言主要是人体中的水。Wi-Fi 信号的功率非常低，人体组织吸收的微波能量较少，人体可借助自身的热调节系统通过血液循环将吸收的微波能量（热量）散发至全身或体外。

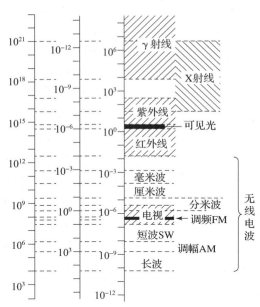

图 6 - 0 - 14　电磁波频率、波长、能量及其应用

那么，Wi - Fi 信号辐射对人体有害吗？我们已经知道 Wi - Fi 信号对人体的作用主要是热效应，它产生的热可以通过人体的热调节系统恢复，因此对人体的影响非常小。同时，可以将 Wi - Fi 信号与其他电磁波进行对比。电磁波的能量与其频率成正比，可见光的频率是电磁波的 20 万倍左右，也就是说，在同样强度下，可见光的能量是 Wi - Fi 信号的辐射能量的 20 万倍左右，Wi - Fi 信号辐射远不及可见光对人体的辐射。再拿 Wi - Fi 信号辐射与微波炉电磁波对比，Wi - Fi 信号的频率与微波炉电磁波的频率是基本一致的，但是在辐射强度上微波炉电磁波的辐射强度是 Wi - Fi 信号的 10 万倍左右，远远大于 Wi - Fi 信号辐射。

可见，Wi - Fi 信号对人体的影响微乎其微，完全在安全范围内，只要不是长时间紧贴 Wi - Fi 信号发生器，Wi - Fi 信号辐射对人体的影响完全可以忽略不计。

根据电磁辐射的国家标准，Wi - Fi 信号辐射水平是国家标准的 1%，环境保护部没有将其作为监管对象，也就是豁免管理。这说明管理部门同样认为 Wi - Fi 信号对人体是安全的。

【项目小结】

通过本项目的学习，可以大致了解了无线网络的一些标准。无线网络与有线网络的最大区别就是摆脱了"线"的束缚，可以提高计算机尤其是便携式计算机的移动性，但是由于无线信号发射的方向具有不确定性，因此，如何提高无线网络的安全性是一个非常重要的问题，一般通过对无线信号进行加密的方法来解决，在布置无线网络时一定要对无线信号加密。

【思考与练习】

问答题

1. 从工作的频段、数据传输速率、优/缺点以及兼容性等方面，对无线标准进行比较。

2. 家庭无线局域网有哪几种加密方式？它们之间有什么区别？

3. 无线局域网组建完成后，应该如何测试其连通性？

项目七

Internet接入

计算机只有接入Internet才能更充分地发挥作用，享受网络中无穷无尽的资源。随着Internet的飞速发展，全球一体化的学习和生活方式越来越突出，人们不再满足于单位内部网络的信息共享，更需要和单位外部的网络交流，那么如何接入Internet呢？

【项目描述】

Internet接入就是计算机或网络通过某种方式与Internet连接在一起，从而能够互相交换信息。Internet接入需要通过ISP（Internet Service Provider），即Internet网络服务商。目前计算机接入Internet的方式很多，常用的Internet接入方式有电话拨号（PSTN）接入、ISDN接入、ADSL接入、HFC（Cablemodem）接入、光纤宽带接入、无源光网络（PON）接入、无线网络接入、电力网接入（PLC）等。如果使用电话拨号接入方式，不仅上网时电话中经常有杂音，有时电话还不能正常使用，而且网络速度很慢。为了更快、更好地接入Internet，如果家里有固定电话，需要在电话线上使用接入技术，因此采用ADSL接入方式。

【项目需求】

固定电话（1台）、ADSL调制解调器、ADSL信号分离器、装有操作系统的计算机（1台）、10/100/1 000 Mb/s自适应网卡、RJ11插头的电话线（1根）、RJ–45插头的直连线（1根）。

【相关知识点】

（1）ADSL的概念及基本知识；
（2）ADSL业务办理手续及申请流程；
（3）ADSL信号分离器的基本知识。

【项目分析】

如果购买ADSL路由器是为了与其他计算机一起共享高速Internet连接，那必须具备一个基于以太网的电缆或ADSL调制解调器，并且已建立从ISP处获得的Internet账号。

如果希望通过 ADSL 路由器连接到 Internet，首先需要将 ADSL 路由器和计算机及电话线正确连接；连接完成后对 ADSL 路由器进行相应的设置才能实现上网。

最好使用同一台计算机（即连接 ADSL 调制解调器的计算机）配置 ADSL 路由器。ADSL 路由器在此充当一个 DHCP 服务器，并将在家庭网络上分配所有必需的 IP 地址信息。要设置每个网卡以自动获取一个 IP 地址。

任务一　ADSL 业务报装前的准备

【任务描述】

中国电信推出的网络快车业务就是以 ADSL 技术方式实现高速接入 Internet 的一种电信业务。作为普通家庭用户，申请报装 ADSL 业务必须具备哪些条件？如何报装呢？下面说明一下 ADSL 业务报装过程及相关注意点。

【任务实施】

一、报装前准备

报装 ADSL 业务需具备的条件如下。

（1）计算机硬件配置不得低于表 7 – 1 – 1 所示要求。

表 7 – 1 – 1

配置	要求
CPU	Pentium 133 MHz 或以上
内存	32 MB 或以上
硬盘	100 MB 剩余空间
网卡	接口为 RJ – 45 的 10 Mb/s 或 10/100 Mb/s 自适应以太网卡
浏览器	TE4. X/5. X 或 Netscape4. X 浏览器
操作系统	Windows 98/2000/NT

（2）已安装普通电话。ISDN 电话需先办理 ISDN 电话转普通电话业务才可申请。小总机电话用户暂不能申请。申请 ADSL 业务的用户名必须和电话机主为同一名称。

二、ADSL 业务办理手续

（1）用户可到所在地通信公司营业厅办理 ADSL 业务。

（2）用户在营业厅选择一种 ADSL 业务并交费后，即可获得 ADSL 上网账号、用户名和密码。

（3）在用户交费后的一个月内，所在地的通信公司施工人员会上门安装设备。

（4）施工人员安装设备时，会免费提供 ADSL 调制解调器和相关客户软件。

任务二　认识 ADSL 调制解调器

【任务描述】

果果同学为了能够在家上网，到当地电信部门办理了 ADSL 业务，并购买了一台 ADSL 路由器，希望能够在家将 ADSL 路由器连接好并设置相关参数，然后连接到 Internet。

【任务实施】

（1）明确 ADSL 路由器、计算机和电话线的连接方法，连接示意如图 7 - 2 - 1 所示。

图 7 - 2 - 1　ADSL 路由器连接示意

（2）连接之前查阅 ADSL 调制解调器使用说明书，了解各端口的功能，如图 7 - 2 - 2、图 7 - 2 - 3 所示。

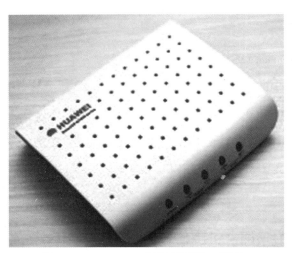

图 7 - 2 - 2　ADSL 调制解调器（正面）

在图 7 - 2 - 3 中，1 为 PHONE 端口，用于连接电话机；2 为 ETHERNET 端口，用于连接计算机；3 为 RESET 端口，用于 ADSL 复位；4 为电源开关；5 为电源插孔。

（3）了解 ADSL 信号分离器的端口分布，如图 7 - 2 - 4 所示。

在图 7 - 2 - 4 中，1 为 LINE 端口，用于连接入户电话线；2 为 MODEM 端口，用于连接 ADSL 调制解调器；3 为 PHONE 端口，用于连接电话机。

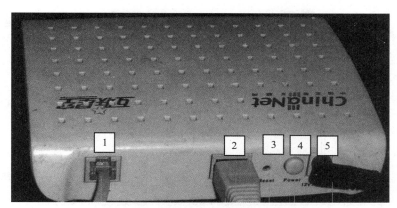

图 7 - 2 - 3 ADSL 调制解调器（反面）

图 7 - 2 - 4 ADSL 信号分离器端口示意

任务三 ADSL 调制解调器的完全安装

【任务描述】

果果同学已经了解了 ADSL 路由器、ADSL 信号分离器等内容，希望尽快安装 ADSL，实现上网。

【任务实施】

一、硬件安装

假设已经备齐了以下设备：一块 10 Mb/s 或 10/100 Mb/s 自适应以太网卡、一个 ADSL 调制解调器、一个 ADSL 信号分离器，另外还有两根两端做好 RJ - 11 插头的电话线和一根两端做好 RJ - 45 插头的超 5 类双绞线（直连线）。下面按照图 7 - 3 - 1 安装 ADSL。

（1）把入户电话线从原来的电话机上拔出，插入 ADSL 信号分离器的 LINE 端口，并检查是否牢固，使用一根电话线，连接 ADSL 信号分离器的 PHONE 端口和电话机原来的电话线端口。

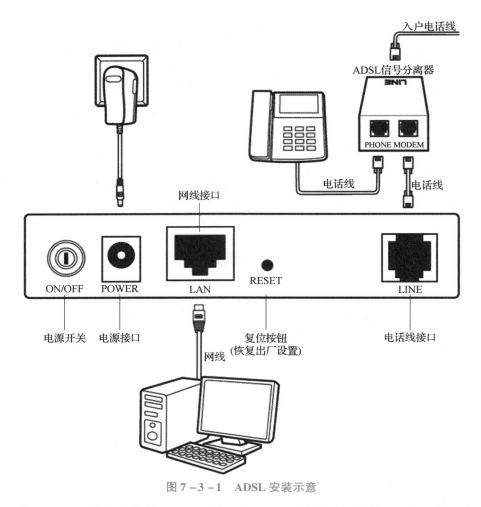

图 7 – 3 – 1　ADSL 安装示意

（2）将 ADSL 信号分离器的 PHONE 端口与 ADSL 调制调解器的 PHONE 端口相连，将 ADSL 调制解调器接电源，将 ADSL 调制解调器的 ETHERNET 端口与计算机的网线端口相连。

（3）连接完成并按下 ADSL 调制解调器电源开关，如果连接正确，ADSL 调制解调器上的灯一般会常亮 3 盏，分别为电源灯、ADSL 线路灯和到计算机的线路灯，这样就完成了 ADSL 的硬件安装部分。

二、软件安装

ADSL 的软件安装可分为以下几个步骤。

（1）安装和设置网卡。

由于 ADSL 调制解调器是通过网卡和计算机相连的，所以在安装 ADSL 调制解调器前要先安装网卡。网卡可以是 10 Mb/s 或 10/100/1 000 Mb/s 自适应以太网卡。安装完成以后的"Ethernet0 属性"对话框如图 7 – 3 – 2 所示。

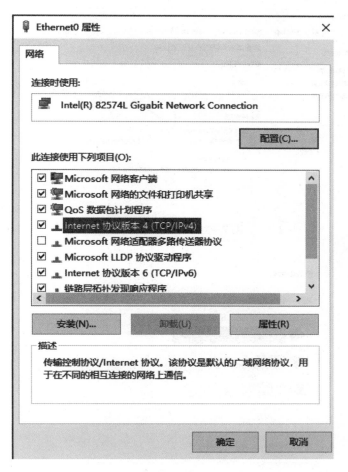

图 7 - 3 - 2　"Ethernet0 属性"对话框

要注意的是安装协议中一定要有 TCP/IP，一般使用 TCP/IP 的默认配置，不要自作主张地设置固定的 IP 地址。

（2）在完成了 ADSL 连接后，还需要安装专门的虚拟拨号软件才可以上网。常见的虚拟拨号软件有 WinPoET、EnterNet 300、raspppoe 等。

由于 Windows XP 以后的操作系统都集成了 PPPoE 协议技术，所以 ADSL 用户不需要安装其他虚拟拨号软件，直接使用 Windows 的连接向导就可以建立 ADSL 虚拟拨号连接。

①安装驱动程序后，选择"控制面板"→"网络和 Internet"→"网络和共享中心"→"设置新的连接和网络"命令，进行 ADSL 网络连接配置，如图 7 - 3 - 3 所示。

②默认选择"连接到 Internet"选项，单击"下一步"按钮，如图 7 - 3 - 4 所示。

③选择"宽带（PPPoE）（R）"选项，如图 7 - 3 - 5 所示。

④输入 ADSL 用户名和密码（注意大小写），根据提示进行安全设置，单击"连接"按钮，如图 7 - 3 - 6 所示。

⑤弹出 ADSL 虚拟设置完成对话框，如图 7 - 3 - 7 所示。

图 7 - 3 - 3　新建连接向导

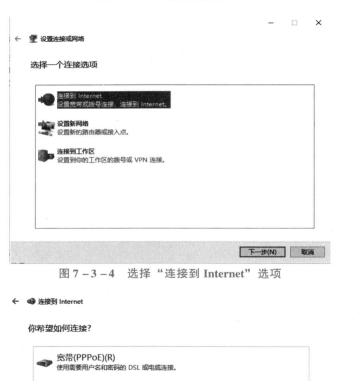

图 7 - 3 - 4　选择"连接到 Internet"选项

图 7 - 3 - 5　选择"宽带（PPPoE）（R）"选项

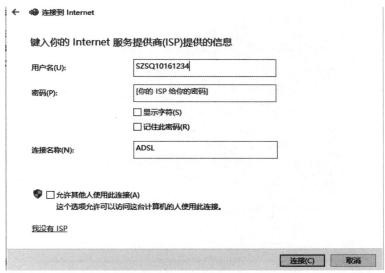

图 7 – 3 – 6 输入 ADSL 用户名和密码

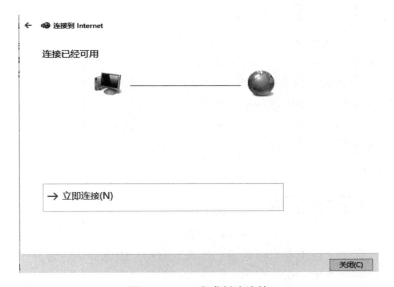

图 7 – 3 – 7 完成新建连接

⑥在"设置"区域选择"拨号"选项，然后单击"连接"按钮，弹出 ADSL 连接对话框，如图 7 – 3 – 8 所示。

在图 7 – 3 – 8 所示的对话框中，输入 ADSL 用户名和密码就可以连接到 Internet。

【理论知识】

目前可供选择的 Internet 接入方式主要有 PSTN、ISDN、DDN、LAN、ADSL、VDSL、Cable Modem、PON 和 LMDS 等 9 种，它们各有优、缺点。

图 7 - 3 - 8　ADSL 连接对话框

一、PSTN 拨号：使用最广泛

PSTN（Published Switched Telephone Network，公用交换电话网）接入技术是利用 PSTN 通过调制解调器拨号实现用户接入 Internet 的方式。这种接入方式是人们非常熟悉的一种 Internet 接入方式，目前最高的速率为 56 kb/s，已经达到仙农定理确定的信道容量极限，这种速率远远不能够满足宽带多媒体信息的传输需求；但由于电话网非常普及，用户终端设备（调制解调器）很便宜，为 100 ~ 500 元，而且不用申请就可开户，只要家里有计算机，把电话线接入调制解调器就可以直接上网。因此，PSTN 拨号接入方式比较经济，是过去计算机接入 Internet 的主要手段。

二、ISDN 拨号：通话上网两不误

ISDN（Integrated Service Digital Network，综合业务数字网）接入技术俗称"一线通"，它采用数字传输和数字交换技术，将电话、传真、数据、图像等多种业务综合在一个统一的数字网络中进行传输和处理。用户利用一条 ISDN 线路，可以在上网的同时拨打电话、收发传真，就像使用两条电话线一样。ISDN 基本速率接口有两条 64 kbit/s 的信息通路和一条 16 kb/s 的信令通路，简称"2B + D"，当有电话拨入时，它会自动释放一个 B 信道进行电话接听。

就像普通拨号上网要使用调制解调器一样，用户使用 ISDN 也需要专用的终端设备，主要由网络终端 NT1 和 ISDN 适配器组成。网络终端 NT1 好像有线电视上的用户接入盒一样必不可少，它为 ISDN 适配器提供接口和接入方式。ISDN 适配器和调制解调器一样，分为内置和外置两类，内置的一般称为 ISDN 内置卡或 ISDN 适配卡；外置的则称为 TA。ISDN 内置卡价格为 300 ~ 400 元，而 TA 价格则在 1 000 元左右。用户采用 ISDN 拨号方式接入 Internet 需要申请开户，初装费根据地区不同而有所不同，一般开销在几百元至 1 000 元不等。ISDN

的极限带宽为 128 kb/s，各种测试数据表明，双线上网速度并不能翻倍，从发展趋势来看，窄带 ISDN 也不能满足高质量的 VOD 等宽带应用。

三、DDN 专线：面向集团企业

DDN（Digital Data Network，数字数据网）是随着数据通信业务的发展而迅速发展起来的一种新型网络。DDN 的主干网传输媒介有光纤、数字微波、卫星信道等，用户端多使用普通电缆和双绞线。DDN 将数字通信技术、计算机技术、光纤通信技术以及数字交叉连接技术有机地结合在一起，提供了高速度、高质量的通信环境，可以向用户提供点对点、点对多点透明传输的数据专线出租电路，为用户传输数据、图像、声音等信息。DDN 的通信速率可根据用户需要在 $N \times 64$ kb/s($N = 1 \sim 32$) 范围内进行选择，当然速度越快租费也越高。

用户租用 DDN 业务需要申请开户。DDN 的收费一般可以采用包月制和计流量制，这与一般用户拨号上网的按时计费方式不同。DDN 的租费较高，普通个人用户负担不起，DDN 主要面向集团企业等需要综合用网单位。DDN 按照不同的速率和带宽收费也不同，因此它不适合社区住户的接入，只对社区商业用户有吸引力。

四、ADSL：个人宽带流行风

ADSL 是一种能够通过普通电话线提供宽带数据业务的技术，也是目前极具发展前景的一种接入技术。ADSL 素有"网络快车"之美誉，其因下行速率高、频带宽、性能优越、安装方便、不需要交纳电话费等特点而深受广大用户喜爱。

ADSL 方案的最大特点是不需要改造信号传输线路，完全可以利用普通铜质电话线作为传输介质，配上专用的 ADSL 调制解调器即可实现数据高速传输。ADSL 支持的上行速率为 640 k ~ 1 Mb/s，下行速率 1 ~ 8 Mb/s，其有效的传输距离在 3 ~ 5 km 范围以内。在 ADSL 接入方案中，每个用户都有单独的一条线路与 ADSL 局端相连，它的结构可以看作星型结构，数据传输带宽由每一个用户独享。

五、VDSL：更高速的宽带接入

VDSL 比 ADSL 还要快。使用 VDSL，短距离内的最大下传速率可达 55 Mb/s，上传速率可达 2.3 Mb/s（将来可达 19.2 Mb/s，甚至更高）。VDSL 使用的介质是一对铜线，有效传输距离可超过 1 000 m。但 VDSL 技术仍处于发展初期，长距离应用仍需测试，端点设备的普及也需要时间。

目前有一种基于以太网方式的 VDSL，接入技术使用 QAM 调制方式，它的传输介质也是一对铜线，在 1.5 km 的范围之内能够达到双向对称的 10 Mb/s 传输，即达到以太网的速率。如果这种技术用于宽带运营商社区的接入，可以大大降低成本。基于以太网的 VDSL 接入方式是在机房端增加 VDSL 交换机，在用户端放置用户端 CPE，二者之间通过室外 5 类线连接，每栋楼只放置一个 CPE，而室内部分采用综合布线方案。这样做的原因是：近两年宽带建设牵引的社区用户上网率较低，一般为 5% ~ 10%，为了节省接入设备和提高端口利用率，故采用此方案。

六、Cable Modem：用于有线网络

Cable Modem（线缆调制解调器）是近两年开始试用的一种超高速调制解调器，它利用现成的有线电视（CATV）网进行数据传输，已是比较成熟的一种技术。随着有线电视网的发展壮大和人们生活质量的不断提高，通过 Cable Modem 利用有线电视网访问 Internet 已成为越来越受业界关注的一种高速接入方式。

由于有线电视网采用模拟传输协议，因此需要用调制解调器协助完成数字数据的转化。Cable Modem 与以往的调制解调器在原理上都是对数据进行调制后在 Cable（电缆）的一个频率范围内传输，接收时进行解调，其传输机理与普通调制解调器相同，不同之处在于它是通过有线电视的某个传输频带进行调制解调的。

Cable Modem 连接方式可分为两种：对称速率型和非对称速率型。前者的数据上传速率和数据下载速率相同，都为 500 k ~ 2 Mbit/s；后者的数据上传速率为 500 k ~ 10 Mbit/s，数据下载速率为 2 ~ 40 Mbit/s。

采用 Cable Modem 模式上网的缺点是：由于 Cable Modem 模式采用的是相对落后的总线型网络结构，这就意味着网络用户共同分享有限带宽；另外，购买 Cable Modem 的费用和初装费也都不低，这些都阻碍了 Cable Modem 接入方式在国内的普及。但是，它的市场潜力是很大的，毕竟中国 CATV 网已成为世界第一大有线电视网，其用户已达到 8 000 多万。

另外，Cable Modem 技术主要是在广电部门原有线电视线路上进行改造时采用，将此种方案与新兴宽带运营商的社区建设进行成本比较没有意义。

七、PON 接入：光纤入户

PON（无源光网络）技术是一种点对多点的光纤传输和接入技术，其下行采用广播方式，上行采用时分多址方式，可以灵活地组成树型、星型、总线型等拓扑结构，在光分支点不需要节点设备，只需要安装一个简单的光分支器即可，具有节省光缆资源、共享带宽资源、节省机房投资、设备安全性高、建网速度快、综合建网成本低等优点。

PON 包括 ATM – PON（APON，即基于 ATM 的无源光网络）和 Ethernet – PON（EPON，即基于以太网的无源光网络）两种。APON 技术发展得比较早，它还具有综合业务接入、QoS 保证等独有的特点，ITU – T 的 G.983 建议规范了 ATM – PON 的网络结构、基本组成和物理层接口，我国信息产业部也已制定了完善的 APON 技术标准。

PON 接入设备主要由 OLT、ONT、ONU 组成，由无源光分路器件将 OLT 的光信号分到树型网络的各个 ONU。一个 OLT 可接 32 个 ONT 或 ONU，一个 ONT 可接 8 个用户，而 ONU 可接 32 个用户，因此，一个 OLT 最大可负载 1 024 个用户。PO N 技术的传输介质采用单芯光纤，局端到用户端最大距离为 20 km，接入系统总的传输容量为上行和下行各 155 Mb/s，每个用户使用的带宽可以从 64 kbit/s 到 155 Mbit/s 灵活划分，一个 OLT 上所接的用户共享 155 Mb/s 带宽。例如富士通 EPON 产品 OLT 设备有 A550，ONT 设备有 A501，A550 最多有 12 个 PON 口，每个 PON 中下行至每个 A501 是 100 Mb/s 带宽，而每个 PON 口上所接的 A501 上行带宽是共享的。

八、LMDS 接入：无线通信

这是目前可用于社区宽带接入的一种无线接入技术，在该接入方式中，一个基站可以覆盖直径为 20 km 的区域，每个基站可以负载 2.4 万个用户，每个终端用户的带宽可达到 25 Mb/s。但是，它的带宽总容量为 600 Mbit/s，每个基站下的用户共享带宽，因此一个基站如果负载用户较多，那么每个用户所分到带宽就很小。可见这种技术对于社区用户的接入是不合适的，但它的用户端设备可以捆绑在一起，可用于宽带运营商的城域网互连。其具体做法是：在汇聚点机房建一个基站，而汇聚点机房周边的社区机房可作为基站的用户端，社区机房如果捆绑 4 个用户端，则汇聚点机房与社区机房的带宽就可以达到 100 Mb/s。采用这种方案的好处是可以使已建好的宽带社区迅速开通运营，缩短建设周期。

九、LAN：技术成熟、成本低

LAN 接入方式是利用以太网技术，采用"光缆 + 双绞线"的方式对社区进行综合布线。具体实施方案是：从社区机房敷设光缆至住户单元楼，楼内布线采用 5 类双绞线敷设至用户家里，双绞线总长度一般不超过 100 m，用户家里的计算机通过 5 类跳线接入墙上的 5 类模块就可以实现上网。社区机房的出口通过光缆或其他介质接入城域网。采用 LAN 方式接入可以充分利用小区局域网的资源优势，为居民提供 10 Mb/s 以上的共享带宽，这比拨号上网速度快 180 多倍，并可根据用户的需求升级到 100 Mb/s 以上。

以太网技术成熟，成本低，结构简单，稳定性、可扩充性好，便于网络升级，同时可实现实时监控、智能化物业管理、小区/大楼/家庭保安、家庭自动化（如远程遥控家电、可视门铃等）、远程抄表等，可提供智能化、信息化的办公与家居环境，满足不同层次的人们对信息化的需求，比其他入网方式要经济许多。

【项目小结】

ADSL 这种宽带接入技术可直接利用现有用户电话线，无须另铺电缆，节省投资；它的接入速度快，适合集中与分散的用户；能为用户提供上行、下行不对称的传输带宽；采用点到点的拓扑结构，用户可独享带宽。用户可以通过 ADSL 接入方式快速浏览 Internet 上的信息，进行网上交流，收发电子邮件等。

通过本项目的学习，可以了解 ADSL 接入技术及其原理，会安装和配置 ADSL。

【思考与练习】

填空题

1. ADSL 的中文意思是（　　　　　　）。
2. ADSL 调制解调器工作在 OSI/RM 中的第（　　　　）层。
3. ADSL 的最大下行速率可以达到（　　　　　）。
4. 在使用 ADSL 时，连接计算机的是（　　　　）线。
5. ADSL 中分别有（　　　　）、（　　　　）、（　　　　）等常见端口。

项 目 八

使用Internet浏览器

果果："小超，我们一起去网上畅游，在网上学习，看故事吧……"

小超："好的，可是我还没有上过网，你能不能教教我上网前要学习什么。"

果果："首先要知道上网的必备工具——浏览器，让我们一起学习吧。"

【项目描述】

（1）IE11.0的启动和退出；

（2）浏览器的基本操作。

【项目需求】

完成本项目需要能访问Internet的计算机，利用计算机操作系统中自带的微软公司的Internet Explorer 11.0（IE 11.0）进行相应操作。

【相关知识点】

（1）访问Internet站点的方法；

（2）上网的基本知识、网络的基本配置。

【项目分析】

略。

任务一 IE11.0 的启动和退出

【任务描述】

学习IE11.0的启动和退出。

【任务实施】

一、IE11.0 的启动

启动IE11.0有如下两种方法。

（1）双击桌面上的"Internet Explorer"图标，如图 8 – 1 – 1 所示。

图 8 – 1 – 1　"Internet Explorer"图标

（2）单击快速启动任务栏中的"Internet Explorer"按钮，如图 8 – 1 – 2 所示。

图 8 – 1 – 2　"Internet Explorer"按钮

二、IE11.0 的退出

退出 IE11.0 有以下 3 种方法。

（1）选择"文件"→"退出"命令，如图 8 – 1 – 3 所示。

（2）单击标题栏上的"关闭"按钮。

（3）按"Alt + F4"组合键。

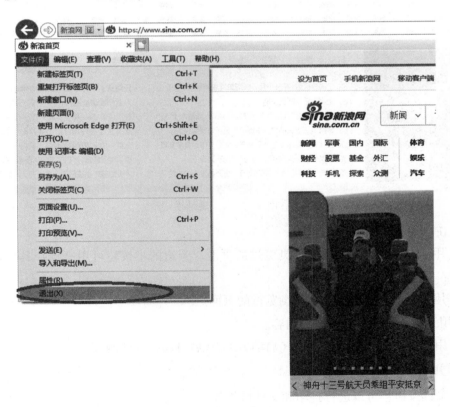

图 8 – 1 – 3　"退出"命令

【相关知识】

IE11.0 窗口的组成

（1）窗口顶部区域。

窗口顶部区域包括菜单栏、地址栏和标签页。

标签页：显示当前正在此浏览的页面标题和文档名。

菜单栏：提供"文件""编辑""查看""收藏夹""工具""帮助"6 个命令菜单，其中包含了控制和操作的所有命令。

地址栏：用于输入和显示网页的地址（URL），如图 8-1-4 所示。

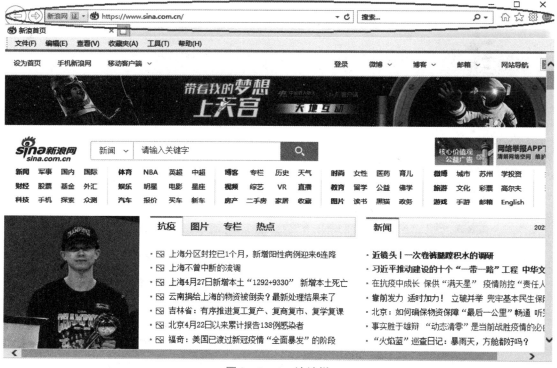

图 8-1-4　地址栏

（2）IE11.0 工具按钮。

←：用于返回到当前页面之前浏览过的页面。旁边的小按钮可用来选择具体返回到哪一个页面。

→：用于返回到当前页面之后浏览过的页面。

↻：用于重新下载当前页面的内容。

⌂：用于重新打开默认的主页（启动 IE11.0 后自动打开的网页）。

★：用于查看收藏夹和历史记录。

⚙：工具按钮，可以进行打印和文件操作等。

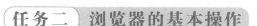

任务二 浏览器的基本操作

要实现果果同学的要求，首先要了解常用浏览器的使用方法和常用的菜单及快捷方式，掌握使用浏览器或者专用软件下载网络资源的方法，主要工作如下。

（1）使用 IE 浏览器浏览网页；

（2）使用 IE 浏览器下载网络资源；

（3）使用专用软件下载网络资源。

【任务描述】

果果同学第一次接触网络，希望知道计算机接入网络后，如何更好地通过浏览器浏览网络上的信息，并使用不同的方式下载网络资源。

【任务实施】

（1）计算机接入 Internet 后，打开 Windows 操作系统自带的 IE 浏览器，如图 8 - 2 - 1 所示。

图 8 - 2 - 1　IE 浏览器

（2）在地址栏中输入要访问的网址，如要浏览搜狐网，输入"www. sohu. com"即可，如图 8 - 2 - 2 所示。

（3）可以单击感兴趣的链接访问下一级页面。

（4）某些网站设置单击链接后的下一级页面在同一浏览器窗口中显示，如果希望打开新的窗口访问，可以用鼠标右键单击要访问的链接，在弹出的快捷菜单中选择"在新窗口中打开"命令即可。

图 8 - 2 - 2　搜狐网首页

（5）如果希望保存网页中的某些信息，可以直接在浏览器中保存，如希望保存网页中的某个图片，可以用鼠标右键单击该图片，在弹出的快捷菜单中选择"图片另存为"命令，然后选择保存图片的路径，如图 8 - 2 - 3 所示。

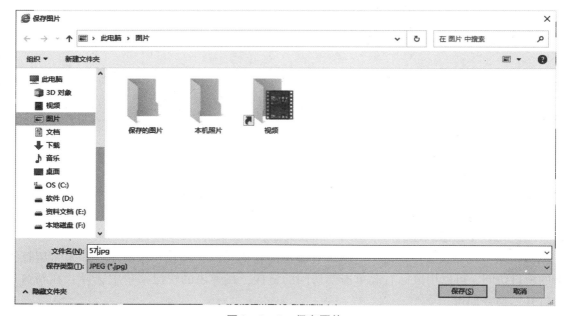

图 8 - 2 - 3　保存图片

（6）如果希望从网络中下载一些软件或压缩文件，可以在相关页面中用鼠标右键单击该文件，在弹出的快捷菜单中选择"文件另存为"命令，然后选择保存目录保存文件即可。

（7）也可以单击某些下载页面中的专用下载链接进行下载，根据网络情况选择不同的下载链接，如图 8 - 2 - 4 所示。

图 8 - 2 - 4　选择下载链接

提示：

如果使用专用下载软件，则可以直接单击相关下载链接。在我国北方地区，大部分家庭上网用户为网通用户，南方地区的大部分上网用户为电信用户，因此选择正确的下载链接可以提高下载速度。

（8）如果安装了专用下载工具，可以选择要下载的页面，用鼠标右键单击下载链接，在弹出的快捷菜单中选择"使用下载工具下载"命令，如图 8 - 2 - 5 所示。

（9）使用专用下载工具的优点是方便管理，并且支持断点续传。也就是说，在网络中断或计算机重启之后可以继续下载文件。

（10）如图 8 - 2 - 6 所示，通过专用下载工具可以查看和改变下载状态，以及查看当前下载文件的相关信息等内容。

图8－2－5　使用专用下载工具下载

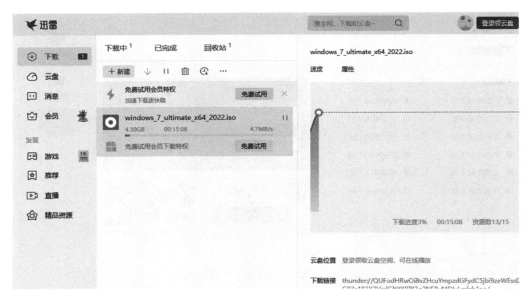

图8－2－6　下载状态

【理论知识】

　　浏览器是显示网页服务器或档案系统内的文件，并让用户与这些文件互动的一种软件。它用来显示在万维网或局域网内的文字、影像及其他信息。这些文字或影像一般是连接其他网址的超链接，所以用户可以迅速及轻易地浏览各种信息。网页一般是 HTML格式，有些网页需通过特定的浏览器才能正确显示。个人计算机上常见的浏览器包括微软公司的 Internet Explorer，Mozilla 公司的 Firefox，苹果公司的 Safari、Opera、HotBrowser，以及谷歌公司的 Chrome。浏览器是最经常使用的客户端程序。表8－2－1 所示为常见的浏览器及下载地址。

表 8 - 2 - 1　常见的浏览器及下载地址

浏览器名称	下载地址
Internet Explorer	http://www. microsoft. com/downloads/
Maxthon（傲游）	http://www. maxthon. cn/
Firefox（火狐）	http://www. mozillaonline. com/
搜狗	http://ie. sogou. com/
Safari	http://www. apple. com/safari/
Opera	http://cn. opera. com/
Chrome	http://www. google. com/chrome? hl = zh - CN/
腾讯 QQ 浏览器	https://browser. qq. com//
360 安全浏览器	http://se. 360. cn/
UC 浏览器	https://baoku. 360. cn/sinfo/104004953_4002062. html

下载（DownLoad）常简称"Down"，就是通过网络传输文件并将文件保存到本地计算机上的一种网络活动，也指把信息从 Internet 或其他计算机上输入某台计算机，也就是把服务器上保存的软件、图片、音乐、文本等下载到本地计算机中。

从广义上说，凡是在屏幕上看到的不属于本地计算机上的内容，都是通过下载得来的。从狭义上说，人们只认为那些自定义了下载文件的本地磁盘存储位置的操作才是下载。下载（Download）的反义词是上传（Upload）。

下载主要采用以下几种方式。

（1）使用浏览器下载。

这是许多上网初学者常使用的方式，它操作简单方便，在浏览过程中，只要单击下载链接，浏览器就会自动启动下载，然后为下载的文件设置存储路径即可。

（2）使用专用下载软件下载。

专用下载软件使用文件分切技术，把一个文件分成若干份同时进行下载，比使用浏览器下载快得多。更重要的是，当下载出现故障断开后，仍旧可以接着上次断开的地方下载。常见的专用下载软件有迅雷、网际快车和网络蚂蚁等。

（3）通过邮件下载。

只要向 Internet 上的电子邮件网关服务器发送下载请求，服务器就会将所需的文件发送到所指定的邮箱中。可以采用专业的邮件下载工具，如 Mr Cool、电邮卡车（E - mail Truck）等，只要给它一个文件下载地址和邮箱，剩下的操作可由它总代理。

【知识拓展】

（1）如果需要经常访问某个网站，可以将该网站收藏。选择"收藏"→"添加到收藏夹"命令，弹出"添加收藏"对话框，如图 8 - 2 - 7 所示。

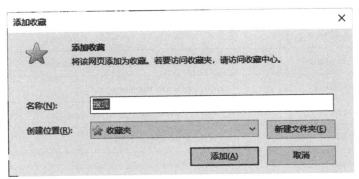

图 8 – 2 – 7　添加到收藏夹

（2）以后要访问该网站时，可以单击地址栏右侧的★按钮，然后选择收藏的网站即可。

（3）如果希望访问之前访问过的网站，但又不记得网址，则可以单击浏览器地址栏右侧的★按钮，选择"历史记录"选项卡在浏览器中打开历史记录，如图 8 – 2 – 8 所示。

图 8 – 2 – 8　浏览历史记录

（4）如果由于网速较慢等原因浏览器页面不能完全显示，可以选择"刷新"命令来刷新该页面，如图 8 – 2 – 9 所示。

提示：

页面刷新也可以使用键盘上的 F5 键实现。

（5）单击菜单栏中选择"编辑"→"查找"→"在此页上查找"命令或者按"Ctrl + F"组合键可以在文本框中输入要访问页

图 8 – 2 – 9　"刷新"命令

面的关键字，访问搜索到的页面。

（6）单击 两个按钮可以分别实现在同一个浏览器窗口中访问当前页面之前或之后访问过的页面。

【项目小结】

本项目介绍 IE 浏览器的使用方法。Internet 上丰富资源的获取，在很大程度上需要借助 IE 浏览器。

【思考与练习】

操作题

1. 启动 IE11.0，分别打开搜狐（http://www.sohu.com）、网易（http://www.163.com）、新浪（http://www.sina.com.cn）3 个网站。

2. 将新浪主页面保存在"我的文档"文件夹中，取名为"sina"。

3. 将新浪主页面上的所有内容以文本文件的形式保存在"我的文档"中，取名为"sina"。

4. 将新浪主页面上的一张图片保存在"桌面"上，取名为"picture1"。

项目九

Internet的应用

远在澳大利亚的表哥后天要过生日了，果果同学想给表哥发去最真诚的祝福及生日贺卡，还想发去一段姑妈对表哥说话的录音。利用电子邮箱可以发送信件及贺卡，利用 QQ 或 MSN 就可以发送录音，利用微博和网盘可以进行分享。

【项目描述】

果果同学以前接触过网络的一些基本知识，在系统学习计算机网络技术的相关内容之后，他想更加全面地了解 Internet 及其主要的应用和功能，以便将来更好地使用 Internet。

【项目需求】

接入 Internet 的计算机（1 台）。

【相关知识点】

Internet 又称为国际互联网，是全球信息资源的总汇。有一种说法认为 Internet 是由许多小的网络（子网）互连而成的一个逻辑网，每个子网中连接着若干台计算机（主机）。Internet 以相互交流信息资源为目的，基于一些共同的协议，并通过许多路由器和公共网互连而成，它是一个信息资源和资源共享的集合。计算机网络只是传播信息的载体，而 Internet 本身具有优越性和实用性。Internet 最高层域名分为机构性域名和地理性域名两大类，目前主要有 14 种机构性域名。

Internet 的前身是美国国防部高级研究项目局（ARPA）主持研制的 ARPAnet。

1974 年出现了连接分组网络的协议，其中就包括 TCP/IP——网间协议 IP 和传输控制协议 TCP。这两个协议相互配合，其中，IP 是基本的通信协议，TCP 是帮助 IP 实现可靠传输的协议。

TCP/IP 有一个非常重要的特点，就是开放性，即 TCP/IP 的规范和 Internet 的技术都是公开的。其目的是让任何厂家生产的计算机都能相互通信，使 Internet 成为一个开放的系统。这也是后来 Internet 能够飞速发展的重要原因。

【项目分析】

Internet 的应用如下。

（1）查询信息。利用 Internet 这个全世界最大的资料库，可以通过搜索引擎从浩如烟海的信息中找到所需的信息。随着我国"政府上网"工程的发展，人们日常生活中的一些事情完全可以在网络上完成。

（2）收发电子邮件是最早，也是最广泛的网络应用。它由于低廉的费用和快捷方便的特点，迅速地被人们接受和应用起来。它仿佛缩短了人与人之间的空间距离，即使身在异国他乡也可以与朋友进行信息交流。

（3）上网浏览，这是 Internet 提供的最基本的服务项目。人们可以访问 Internet 上的网站，根据自己的兴趣在网上畅游，能够做到足不出户而尽知天下事。

（4）沟通无限。利用 QQ 或 MSN 可以实现沟通交流，消除彼此的距离感。

（5）微博——展示自我，发现未来。使用微博不仅可以随时关注热点，还可以在网络上展示自我。微博具有记录个人日志、上传个人照片、评论网络热点、创建讨论话题等个性化的功能。通过微博还能够交到更多志同道合的朋友。

（6）网盘——分享文件。现在文件越来越大，如各种学习资料、海量的照片和视频，本地硬盘可能不具备足够大的存储空间，这时可以借助网盘，把一些需要保存的大容量资料上传其中，也可以利用网盘随时分享自己的文件给别人。

任务一　使用搜索引擎检索信息

掌握使用常用搜索引擎的方法，总结出搜索信息的关键词；了解和掌握网络地图的使用方法；掌握使用搜索引擎查询列车时刻表及飞机航班信息的方法。本任务主要包括以下工作。

（1）使用 Google、百度等常用搜索引擎查询基本信息；

（2）使用百度地图搜索路线；

（3）使用搜索引擎查询列车时刻表及飞机航班信息。

【任务描述】

果果同学计划在"五一"期间去北京旅游，希望了解北京故宫的一些相关知识，并且查看北京地图，了解从北京站到故宫的路线；然后查询 4 月 30 日广州到北京的火车票情况及 5 月 3 日北京到广州的飞机航班信息。

【任务实施】

（1）在搜索引擎中输入要查询信息的关键词，如果关键词为 2 个或 2 个以上，可以使用空格分开，下面以百度搜索引擎为例，如图 9 - 1 - 1 所示。

（2）在搜索框中输入关键词时，百度搜索引擎就显示相关网页链接，此时可以选择关键词所对应的类型，如图片或视频，如图 9 - 1 - 2 所示。

图 9－1－1　百度搜索引擎

图 9－1－2　搜索结果

（3）单击搜索结果中感兴趣的相关网页链接，即可查看相关页面，如图 9 - 1 - 3 所示。

图 9 - 1 - 3　查看搜索结果

（4）如果希望查找目标地图，可以在搜索页面中单击"地图"链接选项或者直接在浏览器地址栏中输入"https：//map. baidu. com/"，然后输入相应的关键词，如图 9 - 1 - 4 所示。

（5）可以用鼠标滑轮来放大或缩小地图显示比例。

（6）如果希望在地图中查看从某一地点到目标地点的路线，可以单击页面左侧搜索栏中的路线按钮 ，在"公交"选项卡中的"出发地址"和"到达地址"框中输入相应的地名，选择到达的方式等信息，即可查看相关路线，如图 9 - 1 - 5 所示。

提示：

在地图中可以单击地图右下角的"全景"按钮查看故宫的全景照片，更加具体形象地了解故宫的实景位置，如图 9 - 1 - 6 所示。

图 9 - 1 - 4　地图搜索结果

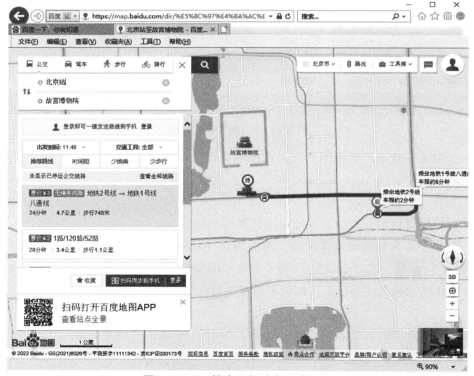

图 9 - 1 - 5　搜索目标地点到达路线

图 9 - 1 - 6　故宫全景图片

【知识拓展】

（1）可以通过搜索引擎查找提供列车时刻表的网站，例如，在百度搜索引擎中查找列车时刻表，搜索结果如图 9 - 1 - 7 所示。

（2）选择其中的一个网站"中国铁路12306"，输入要查询的关键词，如图 9 - 1 - 8 所示。

提示：

查询列车时刻也可以通过"站站查询""车站查询"和"车次查询"等方式实现。

（3）单击"搜索"按钮，即可查看搜索结果，如图 9 - 1 - 9 所示。

（4）如果希望在网络上查询飞机航班信息，也可以通过搜索引擎查找提供相关服务的网站，如图 9 - 1 - 10 所示。

（5）选择"出发城市""到达城市""出发日期"等信息后，单击"查询"按钮，即可查看飞机航班信息，如图 9 - 1 - 11 所示。

图 9 – 1 – 7　百度搜索结果

图 9 – 1 – 8　查询列车时刻

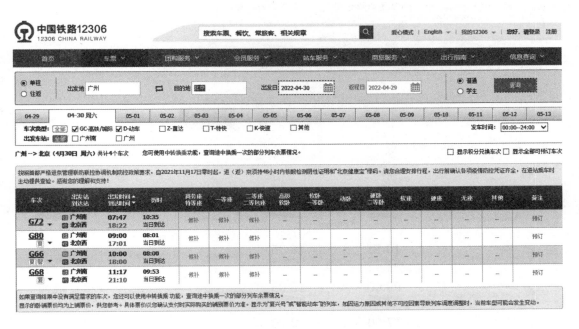

图 9 - 1 - 9　列车时刻查询结果

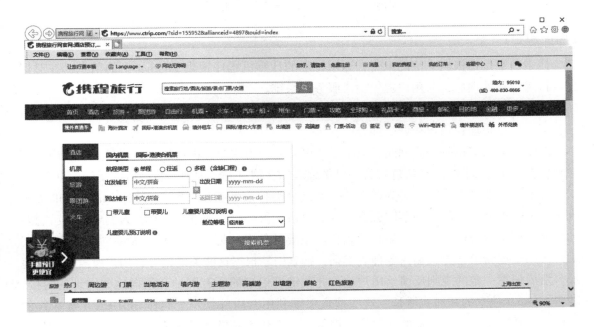

图 9 - 1 - 10　查询飞机航班信息

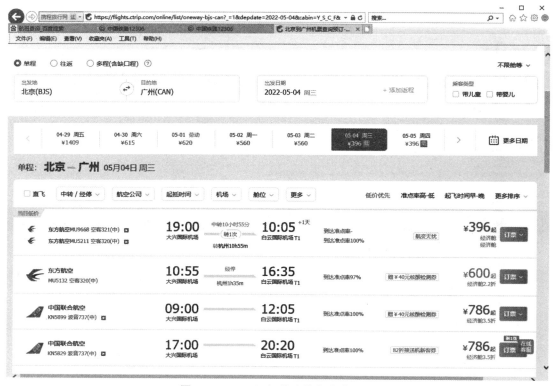

图 9 – 1 – 11 飞机航班信息查询结果

【理论知识】

搜索引擎是指根据一定的策略，运用特定的计算机程序搜集 Internet 上的信息，在对信息进行组织和处理后，为用户提供检索服务的系统。

搜索引擎是对 Internet 上的信息资源进行搜集整理，然后供用户查询的系统。它包括信息搜集、信息整理和用户查询三部分。

搜索引擎其实也是一个网站，只不过该网站专门为用户提供信息检索服务，它使用特有的程序把 Internet 上的所有信息归类，以帮助人们在信息海洋中搜寻自己所需要的信息。

搜索引擎按其工作方式分为两类：一类是分类目录型搜索引擎，它把 Internet 上的资源收集起来，根据资源的类型不同分成不同的目录，再一层层地进行分类，人们要找自己想要的信息时可按分类逐层进入，最后找到自己想要的信息；另一类是基于关键词的搜索引擎，用户可以用逻辑组合方式输入各种关键词，搜索引擎根据这些关键词寻找用户所需资源的地址，然后根据一定的规则反馈给用户包含此关键词信息的所有网址和指向这些网址的链接。随着 Internet 信息的几何式增长，这些搜索引擎利用其内部的一个叫作 SPIDER（蜘蛛）的程序，自动搜索网站每一页的开始，并把每一页上代表超链接的所有词汇放入一个数据库，供用户查询。

当前常用的搜索引擎主要有以下几种。

（1）百度（http://www.baidu.com/）；

（2）Google（http://www.google.cn/）；

（3）搜狗搜索（https://www.sogou.com/）；

（4）网易有道（http://www.youdao.com/）；

（5）搜狐（http://www.sohu.com）；

（6）新浪（http://www.sina.com.cn/）；

（7）网易（https://www.163.com/）。

任务二 使用电子邮件

要使用电子邮件，需要先登录一个提供电子邮件服务的网站，然后注册一个账户，设置密码等相关参数。

【任务描述】

果果同学计划通过网络给外地的同学发送一封电子邮件，但是果果从没有利用网络发送过电子邮件，所以需要先申请一个电子邮箱。

【任务实施】

（1）在 IE 地址栏中输入"https://email.163.com/"，登录网易163邮箱首页，如图9-2-1所示。

图 9 - 2 - 1　网易 163 邮箱首页

（2）单击"注册新账号"按钮，进入注册页面，如图9－2－2所示。

图9－2－2　注册页面

（3）在注册页面中输入用户名、手机号码等各种参数，获取验证码，勾选同意条款然后单击"立即注册"按钮，如图9－2－3所示。

图9－2－3　注册电子邮箱账号

（4）电子邮箱账号注册成功后，就开通了免费电子邮箱，如图9－2－4所示。

图9－2－4　开通电子邮箱

（5）可以使用网易免费电子邮箱中的各种应用进行办公，如图9－2－5所示。

图9－2－5　电子邮箱中的多种应用

【理论知识】

电子邮箱是通过网络电子邮局为网络用户提供的网络交流电子信息空间。电子邮箱具有存储和收发电子信息的功能，是 Internet 中最重要的信息交流工具之一。电子邮箱可以自动接收网络中任何电子邮箱所发的电子邮件，并能存储规定大小的多种格式的文件。电子邮箱具有单独的网络域名，其电子邮局地址在@后标注。

电子邮箱业务是一种基于计算机和通信网的信息传递业务，是利用电信号传递和存储信息的方式，为用户提供电子信函、文件数字传真、图像和数字化语音等各类型的信息传送服务。电子邮件最大的特点是人们可以在任何地方、任何时间收、发信件，突破了时空的限制，大大提高了工作效率，为办公自动化和商业活动提供了很大的便利。

电子邮箱的主要功能如下。

（1）收发信件。利用电子邮箱，用户不但可以发送普通信、挂号信、加急信，也可以要求系统在对方收到信件后回送通知，或阅读信件后发送回条等。电子邮箱还有定时发送、读信后立即回信或转发他人及多址投送（一封信同时发给多人）等功能。用户可以直接在电子邮箱内写信，对方可将收到的信件归类存档，删除无用信件。

（2）直接投送。若对方是非电子邮箱用户，可以将信件直接发送到对方的传真机、电传机、打印机或分组交换网的计算机上。

（3）布告栏。用户可以向具有布告栏功能的电子邮箱发送自己希望发布的信息，供所有用户阅读。布告栏适用于发布公告、通知和广告。

（4）漫游。利用分组交换网可以实现全国漫游。

现在提供电子邮箱服务的网站有很多，以下仅供参考。

（1）网易163邮箱（https://email.163.com/）；

（2）网易126邮箱（http://126.com/）；

（3）新浪邮箱（http://mail.sina.com.cn/）；

（4）Foxmail邮箱（http://foxmail.com）；

（5）QQ邮箱（http://mail.qq.com/）；

（6）TOM邮箱（http://mail.tom.com/）；

（7）搜狐闪电邮（http://mail.sohu.com/）。

任务三 收发电子邮件

本任务需要掌握利用电子邮箱接收电子邮件、回复电子邮件及发送电子邮件的方法。主要内容如下。

（1）写电子邮件并发送。

（2）接收电子邮件并回复。

（3）新建联系人并将联系人分组。

（4）设置电子邮箱的相关参数。

【任务描述】

果果同学申请了一个电子邮箱后，希望能够接收同学发送过来的电子邮件并进行回复、向其他同学发送电子邮件，还希望掌握电子邮件的设置方法。

【任务实施】

（1）电子邮箱申请成功后，输入用户名和密码登录电子邮箱，如图 9 – 3 – 1 所示。

图 9 – 3 – 1　登录电子邮箱

（2）进入电子邮箱后，可以看到收件箱里有一封系统发送的电子邮件，单击收件箱后可以查看收件箱中的内容，如图 9 – 3 – 2 所示。

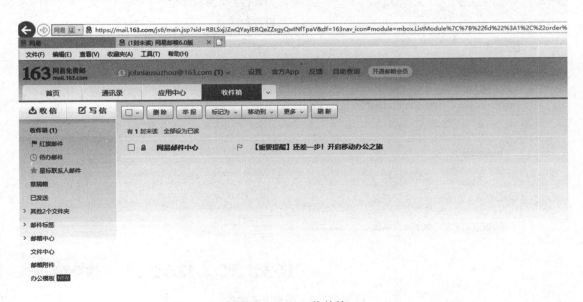

图 9 – 3 – 2　收件箱

（3）单击收件箱中的电子邮件，可以查看电子邮件内容，如图 9 – 3 – 3 所示。

图 9 – 3 – 3　查看电子邮件内容

（4）单击 << 返回 ┃ 回复 ┃ 回复全部 ┃ 转发 ┃ 删除 中的"返回"按钮可以回到收件箱页面，单击"回复"按钮可以给发件人回复信息，如图 9 – 3 – 4 所示。

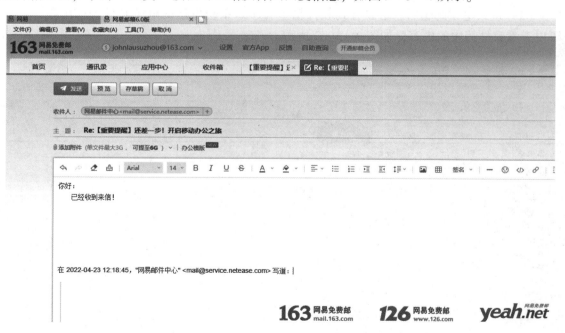

图 9 – 3 – 4　回复电子邮件

（5）单击 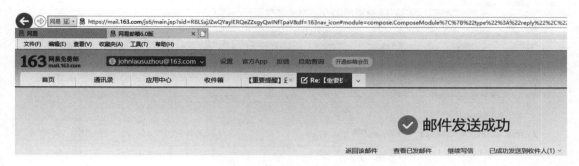 按钮，可以将回复信息发送给对方，系统会提示发送成功，如图 9 – 3 – 5 所示。

图 9 – 3 – 5　电子邮件回复成功

（6）发送电子邮件可以直接单击 **写信** 按钮，如图 9 – 3 – 6 所示。

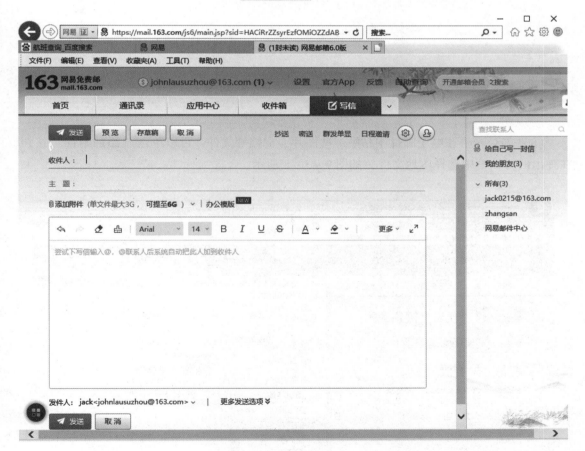

图 9 – 3 – 6　写电子邮件（1）

（7）在"收件人"栏中输入收件人的电子邮箱地址，如果有多个可以用逗号分开，填写主题后可以在文本区域输入电子邮件的具体内容，如图 9 – 3 – 7 所示。

图 9 – 3 – 7　写电子邮件（2）

（8）如果希望在电子邮件中粘贴一些图片、文档等文件，可以单击"添加附件"按钮，在弹出的对话框中选择本地文件，如图 9 – 3 – 8 所示。

图 9 – 3 – 8　选择粘贴附件文件

提示：

在发送电子邮件时，在一般情况下，附件文件不要太大，否则粘贴附件速度会比较慢，如果文件较大可以使用 WinRAR 等工具软件将文件压缩后粘贴。

（9）粘贴附件文件后，对于不想要的附件文件可以单击 ✖ 按钮删除，确认电子邮件主题和内容后，可以单击"发送"按钮发送电子邮件。

（10）电子邮件发送后，可以在"已发送"页面中看到提示，如图 9－3－9 所示。

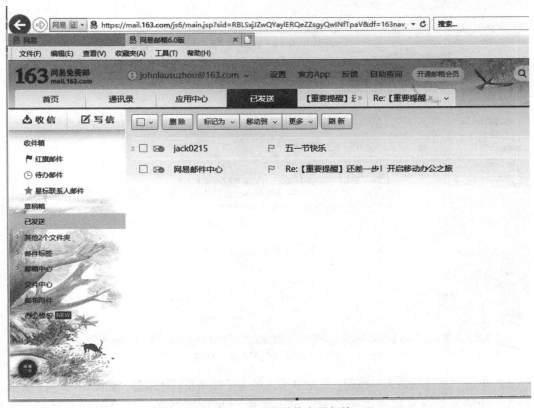

图 9－3－9　已发送的电子邮件

提示：

某些文件在本地计算机中被删除或因其他原因丢失后，如果以前曾被作为附件文件，则可以进入"已发送"页面下载该文件。

【理论知识】

除了可以通过网站电子邮箱收发电子邮件以外，还可以通过专业的收发电子邮件软件进行电子邮件的收发，如 Foxmail、Outlook 等。使用这些软件收发电子邮件，要知道发送和接收电子邮件的服务器，进行对应的设置。这些服务器信息可以在登录网站的时候查询，如网易 163 接收电子邮件服务器地址为 POP3 服务器（pop. 163. com），发送电子邮件的服务器地址为 SMTP 服务器（smtp. 163. com）。

【知识拓展】

在使用电子邮箱的过程中，不同的用户会有不同的个性化要求，这就需要对电子邮箱进行属性和功能的设置，主要包括以下内容。

（1）在电子邮箱中单击"通讯录"标签，如图 9 - 3 - 10 所示。

图 9 - 3 - 10 "通讯录"标签

（2）单击"新建联系人"按钮，添加联系人的电子邮箱及其他信息，如图 9 - 3 - 11 所示。

（3）如果需要填写更详细的信息，可以单击"更多"按钮，信息添加完成后，单击"确定"按钮即可，如图 9 - 3 - 12 所示。

（4）如果要对联系人进行分组，可以新建联系组，单击"新建组"按钮，输入联系组名称，并选择联系人中的相关人员加入该联系组，然后单击"保存"按钮，如图 9 - 3 - 13 所示。

提示：

建立联系组之后，以后给联系组中的成员发送电子邮件就不用再逐一选择收件人，只需要选择相应的联系组即可实现群发功能。

（5）单击页面中间的"设置"按钮，可以看到多个设置选项，如图 9 - 3 - 14 所示。

（6）可以在账号信息、邮件管理、基本设置、反垃圾设置及高级功能等方面进行设置，选择"常规设置"选项，如图 9 - 3 - 15 所示。

（7）如果希望电子邮箱自动回复来信，可以选择"自动回复/转发"选项，在"回复内容"文本框中输入自动回复的内容，如图 9 - 3 - 16 所示。

图 9 - 3 - 11　添加联系人

图 9 - 3 - 12　联系人添加完成

图 9 – 3 – 13　新建联系组

图 9 – 3 – 14　电子邮箱设置选项

图 9 – 3 – 15 常规设置

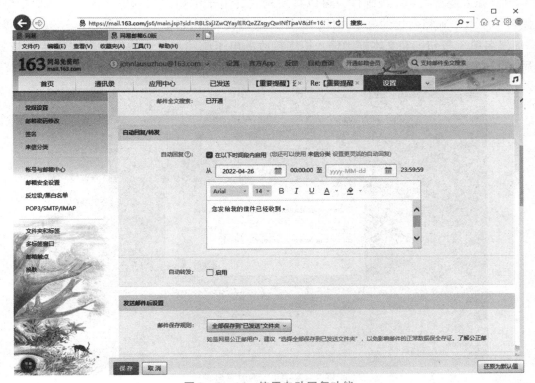

图 9 – 3 – 16 使用自动回复功能

（8）如果希望在发送及回复的电子邮件中加入个性化签名，可以选择"签名"选项，新建个性签名，输入内容，如图9－3－17所示。

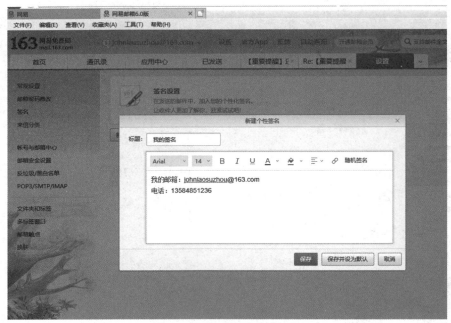

图9－3－17　设置个性签名

（9）如果经常收到垃圾邮件，可以将发送它的电子邮箱添加到黑名单中，从而拒绝接收黑名单中电子邮箱发送的电子邮件，选择"反垃圾/黑白名单"→"黑名单"选项，单击"添加黑名单"按钮，在文本框中输入拒绝接收的电子邮箱地址，然后单击"确定"按钮，最后点击"保存"按钮完成设置，如图9－3－18所示。

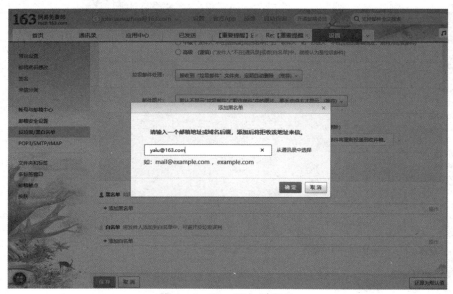

图9－3－18　添加黑名单

任务四　使用即时通信软件

本任务需要了解当前即时通信软件的发展情况，了解主流即时通信软件有哪些，各有什么优、缺点。综上所述，本任务主要掌握以下内容。

（1）即时通信软件的安装和配置；

（2）添加联系人的方法；

（3）信息交流的方法；

（4）发送和接收图片等文件的方法。

【任务描述】

果果同学在上网过程中，已经能够熟练使用电子邮件与同学联系，但是为了进一步和外地的同学进行沟通和信息传送，他希望使用一种即时通信软件来实现这一愿望。

【任务实施】

以当前应用较为广泛的腾讯 QQ（以下简称"QQ"）为例，其主要使用步骤如下。

（1）登录腾讯网（www. qq. com），在腾讯软件中心下载 QQ，如图 9 - 4 - 1 所示。

图 9 - 4 - 1　下载 QQ

（2）安装 QQ 后运行，打开登录界面，如图 9 - 4 - 2 所示。

（3）第一次使用 QQ，需要申请一个新的账号，单击"注册账号"按钮，如图 9 - 4 - 3 所示。

图 9 – 4 – 2　QQ 登录界面

图 9 – 4 – 3　注册账号（1）

（4）输入昵称、密码和手机号码，勾选"我已阅读……"复选框，输入正确的手机号码，输入获取的验证码后单击"立即注册"按钮，如图 9 – 4 – 4 所示。

（5）提示"注册成功"，如图 9 – 4 – 5 所示。

（6）单击"立即登录"按钮，需要身份验证，用手机进行验证，如图 9 – 4 – 6 所示。

（7）通过拼图完成验证，如图 9 – 4 – 7 所示。

图 9 - 4 - 4　注册 QQ（2）

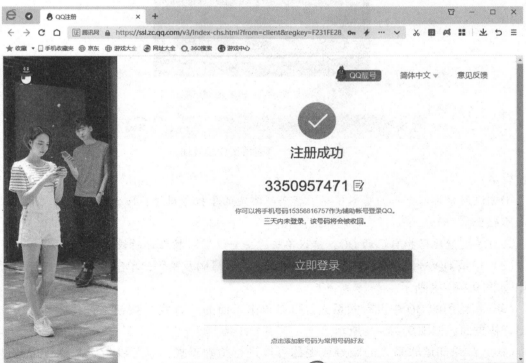

图 9 - 4 - 5　注册成功

图 9 – 4 – 6　确认基本信息

图 9 – 4 – 7　通过拼图完成验证

提示：

①建议用户记好个人的基本信息、密码及绑定的手机号码等，防止密码被盗或者忘记密码后不能登录 QQ。

②为了更好地保护自己的 QQ，建议单击"安全设置"按钮进行设置。

（8）申请 QQ 号码之后，在登录界面中输入 QQ 号码及密码，单击"登录"按钮，登录 QQ，如图 9 – 4 – 8 所示。

（9）新使用的 QQ 中没有联系人，可以单击下面的"查找"按钮来查找联系人，这时弹出查找页面，如图 9 – 4 – 9 所示。

（10）如果知道联系人的账号或昵称可以进行精确查找，也可以指定条件，按条件查找，如图 9 – 4 – 10 所示。

图 9 - 4 - 8　登录 QQ

图 9 - 4 - 9　查找联系人

图 9 – 4 – 10　按条件查找

（11）可以在查找到的联系人列表中选择需要的联系人，如图 9 – 4 – 11 所示。

图 9 – 4 – 11　联系人列表

（12）选择要添加的联系人，单击"＋好友"按钮，将其加为好友，如图 9 – 4 – 12 所示。

图 9 – 4 – 12　添加好友

（13）至此，可以双击好友的头像进行对

（14）可以通过 QQ 传送文件，单击 [图] 按钮，在下拉菜单中选择"直接发送"命令，在本地计算中机选择要发送的文件即可发送，接收端收到接收文件提示，如图 9 - 4 - 14 所示。

图 9 - 4 - 14 接收文件

"存为"按钮即可将文件下载到本地计算机中。

即时通信比传

通信方式。

对话，如图 9 - 4 - 13 所示。

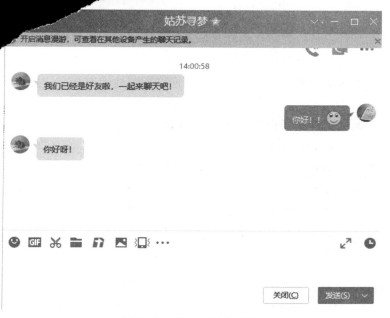

图 9 - 4 - 13　与好友对话

（15）接收端用户单击"接收"或"另存为

【理论知识】

通过即时通信软件，可以知道你的好友是否正在线上，与他们即时通信
送电子邮件所需时间更短，而且比拨电话更方便，无疑是互联网时代最方便的通

即时通信是终端服务，允许两人或多人使用网络即时地传递文字信息、档案、语音与进
行视频交流。

即时通信软件是通过即时通信技术来实现在线聊天、交流的软件，目前我国最流行的即
时通信软件有 QQ、MSN 和微信等。

大部分即时通信服务提供了 Presence Awareness 的特性——显示联系人名单、联系人是
否在线及能否与联系人交谈。

近年来，许多即时通信软件开始提供视频会议的功能，网络电话（VoIP）与网络会议
服务开始整合为兼有影像会议与即时信息的功能。于是，这些媒体的区别变得越来越模糊。

【知识拓展】

在使用 QQ 的过程中，需要进行个性化的设置，如设置个性签名、头像等，步骤如下。

（1）单击昵称下的"编辑个性签名"按钮，在文本框中输入个性签名的内容，如
图 9 - 4 - 15 所示。

图 9 - 4 - 15　设置个性签名

（2）单击企鹅头像，可以编辑包括头像在内的个人资料，如图 9 - 4 - 16 所示。

图 9 - 4 - 16　编辑个人资料

（3）可以修改性别、年龄等各种基本信息，然后单击"确定"按钮，也可以修改系统默认的头像，如图 9 - 4 - 17 所示。

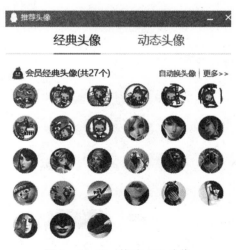

图 9 - 4 - 17　修改 QQ 头像

（4）选择喜欢的头像图片后，单击"确定"按钮，回到 QQ 面板即可看到修改后的头像。也可以从本地上传照片作为 QQ 头像。

（5）如果通信双方的计算机都连有麦克风、音箱、摄像头等硬件设备，可以单击 📞 或 📹 按钮进行音频或视频连接，如图 9 - 4 - 18 所示。

图 9 - 4 - 18　进行音频连接

（6）此时，被邀请方可以单击"接受"按钮进行连接，如图 9 - 4 - 19 所示。

图 9 - 4 - 19　被邀请方界面

（7）连接成功后，可以看见 QQ 会话窗口右侧的通信状态，用户可以调整音箱音量和麦克风的音量，如图 9 – 4 – 20 所示。

图 9 – 4 – 20　建立语音连接

任务五　申请与建立个人微博

本任务需要确定建立微博的主题和风格等基本信息，在口碑较好的网站申请一个微博账号，然后进行设置管理就可以用微博发布信息。本任务的主要步骤如下。

（1）申请微博；

（2）完成基本设置；

（3）撰写并发布微博；

（4）对微博进行管理。

【任务描述】

果果同学发现网络中的微博用户越来越多，很多同学和朋友也都申请了自己的个人微博，于是也希望能够建立个人微博，以便通过微博结交更多志同道合的网友。

【任务实施】

以新浪微博为例，具体的使用步骤如下。

（1）登录新浪首页，单击新浪首页中顶部的"微博"链接或直接在浏览器地址栏中输入"https：//weibo.com"，进入新浪微博注册页面，如图 9 – 5 – 1 所示。

图9-5-1　新浪微博注册页面

（2）在注册页面中输入"手机""密码""生日"等各项信息后，获取短信激活码，输入短信激活码后单击"立即注册"按钮，完成手机验证，进入账号信息设置页面，如图9-5-2所示。

图9-5-2　账号信息设置页面

（3）在账号信息设置页面中，输入自定义的昵称"海阔天空"，单击"保存"按钮；设置个性域名"http://weibo.com/skyofxiu"，单击"保存"按钮，如图 9-5-3 所示。

图 9-5-3　设置昵称和个性域名

（4）继续填写一些基本资料，注意该页面为选填，如果不希望公开个人信息，可以跳过。至此，申请个人微博的过程及基本步骤已经完成，就可以进入个人微博主页，如图 9-5-4 所示。

图 9-5-4　个人微博主页

（5）对于刚申请的微博，需要进一步设置和管理，可以先上传头像。单击"上传头像"按钮，进入个人头像设置页面，如图9-5-5所示。

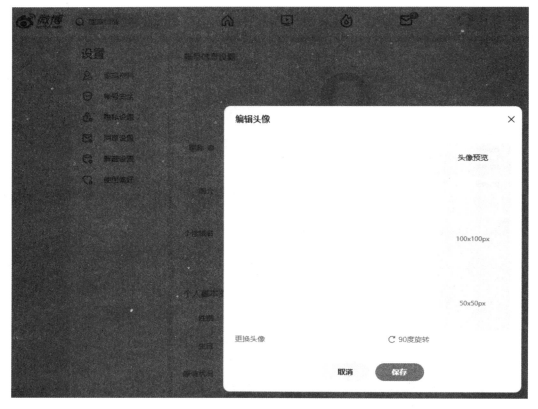

图9-5-5　个人头像设置页面

（6）单击"更换头像"按钮，在本地计算机中选择头像图片，然后单击"保存"按钮即可完成个人头像的上传，如图9-5-6所示。

（7）完成个人头像的上传后，可以对个人账号安全做一些设置，如提高密码的复杂度、开通陌生登录提醒等，如图9-5-7所示。

（8）微博的内容根据不同情况需要设置不同的公开程度，可以通过修改隐私设置来实现，单击"隐私设置"标签，设置浏览微博的权限，如图9-5-8所示。

提示：

微博隐私设置一般分为如下两个方面。

①微博设置：设定个人微博可以在哪个时间段浏览、是否允许微博在同城中显示。

②评论设置：设定哪些人可以评论个人微博。

（9）微博作为个人的空间，大部分使用微博的人希望能够在页面设置、颜色搭配和风格布局等方面体现个人特色，这就需要对微博进行主题管理。一般情况下，可以对微博的消息和隐私等进行设置，如图9-5-9所示。

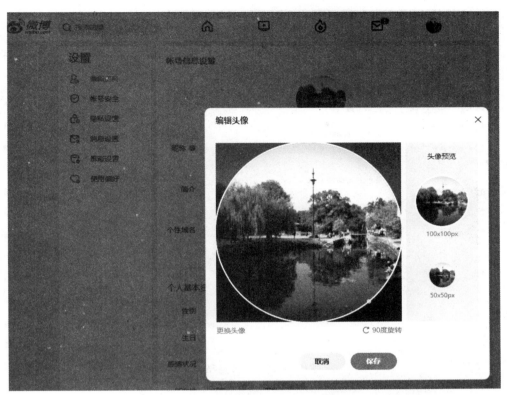

图 9 – 5 – 6　完成个人头像的上传

图 9 – 5 – 7　设置账号安全

图 9 - 5 - 8　修改隐私设置

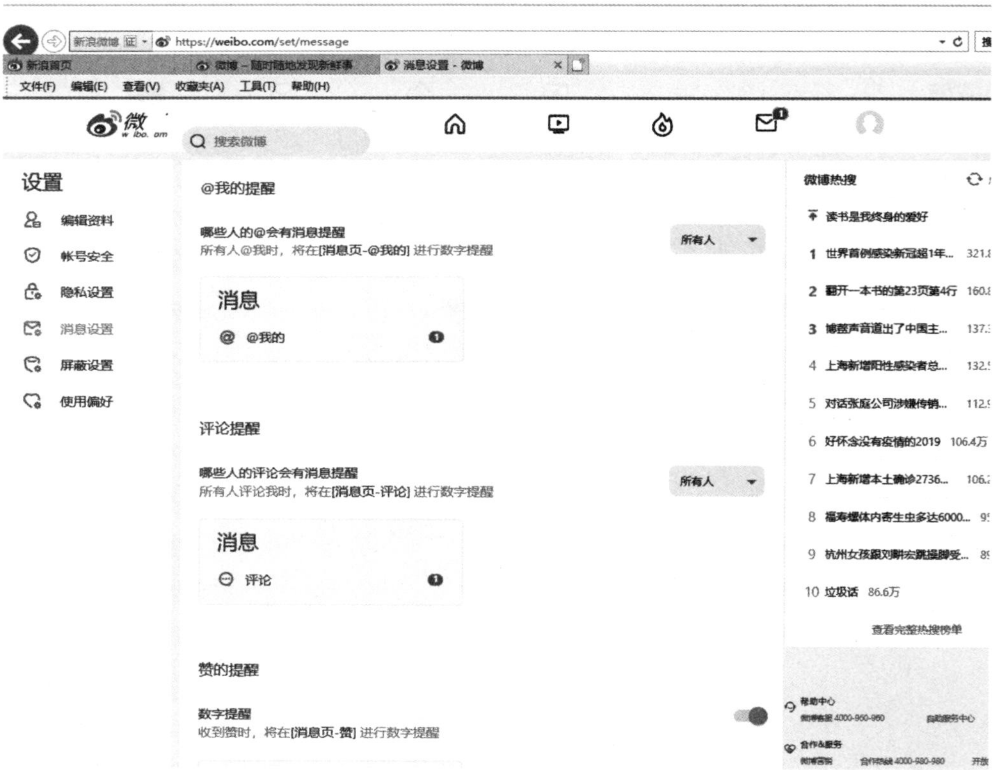

图 9 - 5 - 9　微博的消息和隐私设置

（10）在主题设置页面选择微博的使用偏好，单击主题后即可完成主题更换，选择其中一个主题后，微博页面发生变化，如图9-5-10所示。

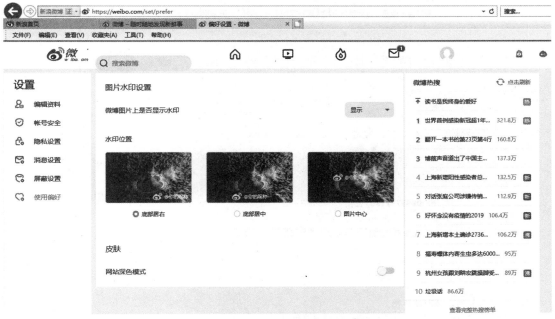

图9-5-10 微博的使用偏好

（11）基本设置完成后，就可以撰写微博了，可以在主页右上角单击"发微博"按钮进入微博撰写页面，如图9-5-11所示。在主页的中间顶部也可以直接撰写微博，非常方便。

图9-5-11 微博撰写页面

（12）在微博撰写页面中，直接在文本框中输入内容，可以插入图片、表情、视频等内容，如图9-5-12所示。

（13）微博撰写完成后可以直接单击"发送"按钮进行发布，就像在QQ里发消息一样方便。

（14）在主页面上可以直接浏览发送的微博内容，如图9-5-13所示。

（15）如果发布一条微博后，想对微博的内容进行修改或删除，可以单击头像进入个人主页对微博进行编辑或删除，如图9-5-14所示。

图 9 – 5 – 12　撰写微博

图 9 – 5 – 13　浏览微博

图 9 – 5 – 14　修改微博

（16）单击主页中的🔥按钮可以浏览热门微博，了解当下热点，如图 9 – 5 – 15 所示。

（17）单击头像进入微博管理中心，可以进行微博内容管理，包括视频、评论、直播等，如图 9 – 5 – 16 所示。

（18）可以对粉丝服务进行管理，包括设置自动回复、自定义菜单、素材分组等，如图 9 – 5 – 17 所示。

图 9 – 5 – 15　浏览热门微博

图 9 – 5 – 16　微博内容管理

图 9 – 5 – 17　粉丝服务管理

【理论知识】

微博是基于用户关系的社交媒体平台，用户可以通过 PC、手机等多种终端接入，以文字、图片、视频等多媒体形式，实现信息的即时分享、传播互动。微博基于公开平台架构，提供简单、前所未有的方式使用户能够公开实时发表内容，通过裂变式传播，让用户与他人互动并与世界紧密相连。作为继门户、搜索之后的互联网新入口，微博改变了信息传播的方式，实现了信息的即时分享。

相对于博客来说，微博的门槛低，其内容仅为两条中文短信的长度，用户可以记录现场，也可以发感慨、晒心情。用户可以通过互联网、客户端、手机短信（彩信）、WAP 等多种手段，随时随地发布信息和接收信息。微博的特点很鲜明，具体如下。

快速传播：用户发布一条信息，其所有粉丝能同步看到，还可以一键转发给自己的粉丝，实现裂变传播。

实时搜索：用户可以通过"搜索"功能找到其他用户发布的信息，还可搜索到自己感兴趣的用户。

发布：用户可以像使用博客、聊天工具一样发布信息，非常方便。

转发：用户可以把自己喜欢的内容一键转发到自己的微博（转发功能可保留原帖，避免在传播过程中被篡改），转发时还可以加上自己的评论。转发后所有关注自己的用户（也就是自己的粉丝）都能看见这条微博，他们也可以选择再转发并加入自己的评论，如此无限循环。

【知识拓展】

微博使用技巧如下。

（1）在微博中经常会出现热点话题，只要使用符号"##"就可以参与讨论，可以直接单击发布页面里的"#"符号进行操作，如图 9-5-18 所示。

图 9-5-18 参与讨论

当输入话题的时候会有提示，单击想要讨论的话题，系统自动以"#"结束，然后在后面输入评论，如图 9-5-19 所示。

图 9 – 5 – 19　发表评论

　　评论发表后，可以看到话题所对应的是一个链接，如图 9 – 5 – 20 所示，可以单击链接看其他用户对该话题的讨论，如图 9 – 5 – 21 所示。

图 9 – 5 – 20　发表的话题评论

图 9 – 5 – 21　话题讨论

（2）在微博中，当希望某人看到你发布的信息时，可以使用符号"@"，如图 9 – 5 – 22 所示。

图 9 – 5 – 22　转发微博

（3）可以在其他用户的微博下评论自己的观点，同时可以转发，如图 9 – 5 – 23 所示。

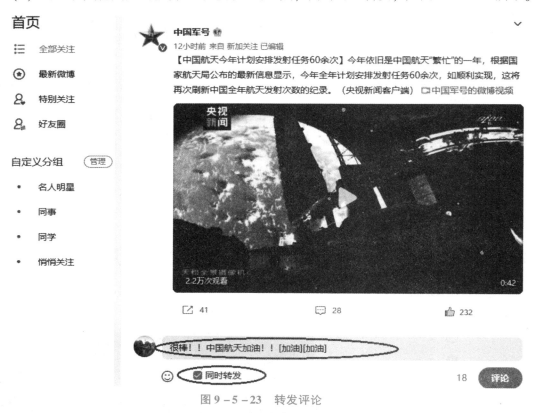

图 9 – 5 – 23　转发评论

（4）微博超话指的是微博的超级话题，是在微博的兴趣内容社区。它是将话题模式和社区属性相结合。单击主页面中的超话按钮，如图 9 – 5 – 24 所示，选择超话的话题，直接发表相关评论，如图 9 – 5 – 25 所示 。也可以在超话社区中自己创建超话，如图 9 – 5 – 26 所示。自己创建的超话要经过审核才可以发布，同一个超话名称申请人数须大于等于 5 人，如图 9 – 5 – 27 所示。

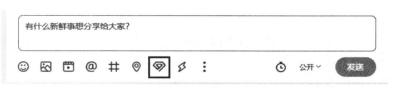

有什么新鲜事想分享给大家?
公开
发送

图 9－5－24 超话按钮

发布到 摄影
#摄影[超话]# 很棒！！
+ 选择超话
同步到微博
焦点
11
公开
发送

图 9－5－25 超话评论

微博
大家正在搜：天津2例阳性感染者活动轨迹
首页
视频
发现
用户0695732330
#摄影V计划#
摄影
发帖
已关注
签到
+ 创建超话
超话主页
视频
相册
导语：发博加话题 #摄影V计划# 获取更多流量！
239亿
阅读
122.7万
帖子
134.4万
粉友

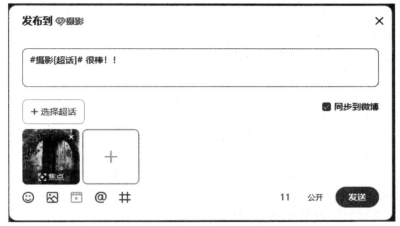

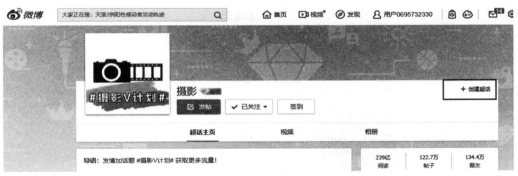

图 9－5－26 创建超话（1）

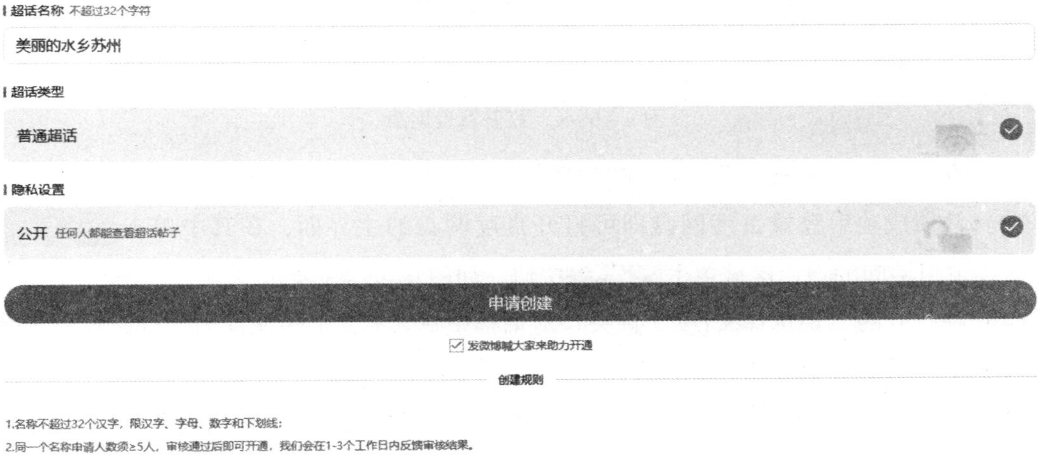

超话名称 不超过32个字符
美丽的水乡苏州
超话类型
普通超话
隐私设置
公开 任何人都能查看超话帖子
申请创建
发微博喊大家来助力开通
创建规则
1.名称不超过32个汉字，限汉字、字母、数字和下划线；
2.同一个名称申请人数须≥5人，审核通过后即可开通，我们会在1-3个工作日内反馈审核结果。

图 9－5－27 创建超话（2）

任务六 使用网盘实现文件存储和分享

本任务需要掌握网盘的使用方法。具体内容如下。

（1）注册网盘；

（2）使用网盘上传文件；

（3）使用网盘下载文件；

（4）使用网盘分享文件。

【任务描述】

果果同学计划分享一个文件给别人，但文件很大，直接传输不太方便，果果想通过网盘将文件分享给多个朋友。要实现果果同学的愿望，需要先注册一个网盘账号，登录网盘后就可以将文件上传到网盘保存并且可以随时随地分享给别人。

【任务实施】

（1）从网上下载百度网盘客户端软件，打开百度网盘，注册账号，如图 9 - 6 - 1 所示。

图 9 - 6 - 1 打开百度网盘

（2）在注册页面输入手机号码、用户名和密码，如图 9 - 6 - 2 所示。

（3）注册成功后登录百度网盘即可打开百度网盘的主界面，在其中单击 **上传** 按钮，或在窗口中间的空白区域单击 **上传文件** 按钮，如图 9 - 6 - 3 所示。

（4）在打开的"请选择文件/文件夹"对话框中找到需要上传文件的文件路径并选择该文件，如图 9 - 6 - 4 所示。

（5）系统开始上传文件，在窗口右上角单击 按钮可查看文件传输列表，如图 9 - 6 - 5 所示。

图 9 – 6 – 2　注册百度网盘账号

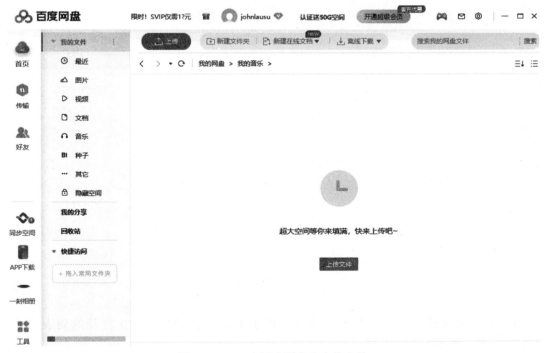

图 9 – 6 – 3　在百度网盘中上传文件

图 9 - 6 - 4　选择文件并上传

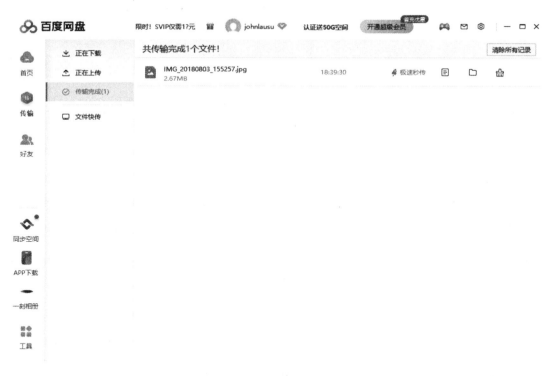

图 9 - 6 - 5　文件传输列表

（6）要下载文件时，在百度网盘主界面的右上角单击◎按钮，在打开的列表中选择"设置"选项，如图 9 - 6 - 6 所示。

图 9 - 6 - 6　网盘设置

（7）在打开的"设置"对话框中单击"传输"选项卡，在"下载文件位置选择"文本框下方单击"浏览"按钮，如图 9 - 6 - 7 所示。

图 9 - 6 - 7　设置下载文件保存位置

（8）在打开的"浏览计算机"对话框中进行设置，选择文件夹作为下载目录，如图9-6-8所示。

图9-6-8　确定下载文件位置

（9）在百度网盘主界面中选择需要下载的文件，单击 ⬇下载 按钮，如图9-6-9所示，文件就下载到所设置的下载目录中。

图9-6-9　将下载文件到指定位置

（10）系统将打开"正在下载"列表，其中列出了当前文件夹中的所有文件，并依次进行下载，如图 9 – 6 – 10 所示。

图 9 – 6 – 10　"正在下载"列表

（11）在百度网盘的主界面中选择需要分享的文件，然后单击 分享 按钮，如图 9 – 6 – 11 所示。

图 9 – 6 – 11　分享文件

（12）在打开的"分享文件：文件名"对话框中单击"创建链接"按钮，如图9-6-12所示，进行链接的分享，可以直接复制链接和提取码分享给好友，如图9-6-13所示，好友即可以下载你所分享的文件。

图9-6-12　创建分享文件的链接

（13）单击百度网盘的主界面左侧的"我的分享"选项卡，在打开的"我的分享"对话框中即可查看分享文件、分享时间，如图9-6-14所示。

【理论知识】

网盘，又称为网络U盘、网络硬盘，是由互联网公司推出的在线存储服务。网盘服务器为用户划分一定的磁盘空间，为用户免费或收费提供文件的存储、访问、备份、共享等文件管理等功能，并且拥有高级的世界各地的容灾备份。用户可以把网盘看成一个放在网络上的硬盘或U盘。在家中、单位或其他任何地方，只要连接到Internet，就可以管理、编辑网盘里的文件。网盘不需要随身携带，也不怕丢失。用户可以轻松地将自己的文件上传到网盘中，并可跨终端随时随地查看和分享。

图 9 – 6 – 13　复制分享文件的链接

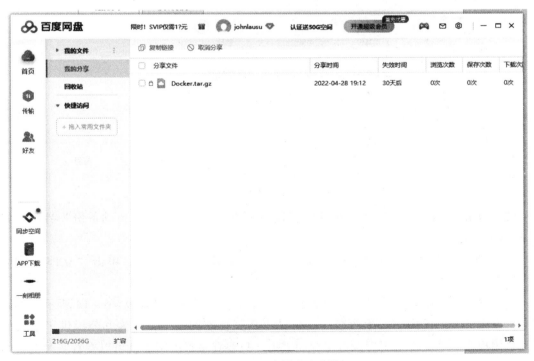

图 9 – 6 – 14　查看分享文件

网盘的实质是网盘服务提供商将其服务器的硬件资源分配给注册用户使用。网盘可以满足用户工作、学习、生活的各类需求。网盘给用户提供了超大的空间，用户可以在网盘中存储图片、视频、数据文件等各种资料。网盘还支持在线播放视频、在线解压大容量的压缩包、预览文件等功能。此外，为了防止用户滥用网盘资源，通常限制单个文件大小和上传文件大小。免费网盘通常只用于存储较小的文件。收费网盘具有速度快、安全性能好、容量大、允许大文件存储等优点，适合有较高要求的用户。

【知识拓展】

在使用百度网盘的过程中，有时用户希望修改的内容也能同步保存到网盘中以保证编辑的内容可以随时进行保存，这时可以使用本地文件夹的同步更新功能来实现。百度网盘更新同步文件夹的内容的具体步骤如下。

（1）打开百度网盘，单击主界面右上角的 ⊚ 按钮，然后选择"设置"选项，如图9-6-15 所示。

图9-6-15　网盘文件管理

（2）单击"自动备份"项目中的"管理"按钮，出现"文件夹自动备份"界面，如图9-6-16所示。

（3）单击"选择文件夹"按钮，选择本地需要备份的文件夹，单击"立即备份"按钮，如图9-6-17所示。

（4）本地文件夹经过备份后，文件夹的图标发生了改变，如图9-6-18所示。以后在该文件夹中的文件的内容发生改变时会自动更新到百度网盘中，这为办公提供了很大的便利，不用担心本地文件编辑后没有保存而丢失。只要登录百度网盘就可以查看实时更新的本地文件夹。

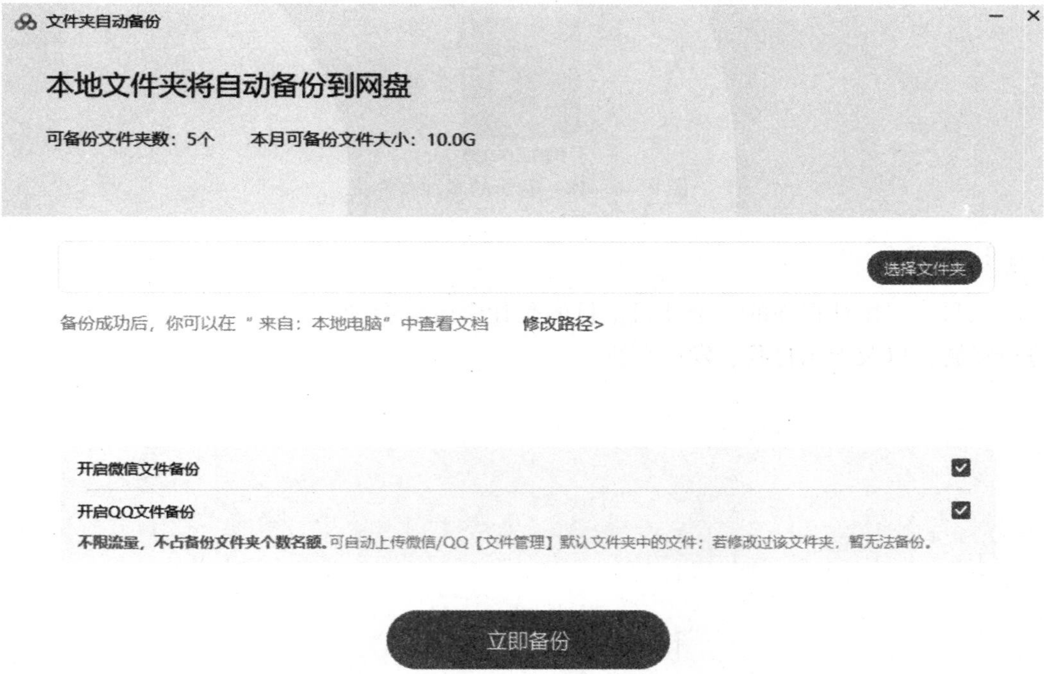

文件夹自动备份   — ✕

本地文件夹将自动备份到网盘

可备份文件夹数：5个   本月可备份文件大小：10.0G

选择文件夹

备份成功后，你可以在"来自：本地电脑"中查看文档 **修改路径>**

开启微信文件备份   ☑

开启QQ文件备份   ☑

不限流量，不占备份文件夹个数名额。 可自动上传微信/QQ【文件管理】默认文件夹中的文件；若修改过该文件夹，暂无法备份。

立即备份

图 9 – 6 – 16   "文件夹自动备份"界面

文件夹自动备份   — ✕

本地文件夹将自动备份到网盘

可备份文件夹数：5个   本月可备份文件大小：10.0G

我的工作文档 (F:\我的工作文档)   选择文件夹

备份成功后，你可以在"来自：本地电脑"中查看文档 **修改路径>**

开启微信文件备份   ☑

开启QQ文件备份   ☑

不限流量，不占备份文件夹个数名额。 可自动上传微信/QQ【文件管理】默认文件夹中的文件；若修改过该文件夹，暂无法备份。

立即备份

图 9 – 6 – 17   备份本地文件夹

图 9 – 6 – 18　备份的本地文件夹

【项目小结】

　　本项目是实用性很强的一个项目，目的是让学生学会如何使用 Internet，真正实现在网上进行畅游，以及展示自我、发展自我。

项目十

网络安全技术

网络为整个社会带来了巨大的推动与冲击，同时也给人们带来了许多挑战。Internet 信息安全是一项综合的系统工程，涉及很多方面的知识，要想掌握一定的网络安全技术，需要在长期的实践中不懈努力。本项目旨在通过具体的操作任务，有针对性地介绍一些基础实用的维护网络安全的技术、手段及应用软件。

【项目描述】

网络安全管理主要包括系统自身安全、病毒防护、安全管理、灾难处理四个方面。本项目旨在通过几个针对性的任务，介绍网络安全的概念、网络安全技术、网络加密和认证技术、防火墙技术的应用等。

【项目需求】

接入 Internet 的计算机（1 台）。

【相关知识点】

（1）掌握网络安全的概念；

（2）掌握网络安全技术的应用；

（3）了解网络加密和认证技术；

（4）了解防火墙技术的应用。

【项目分析】

本项目主要分四个任务完成。

任务一：网络安全的认识；

任务二：网络安全技术的简单应用；

任务三：网络加密和认证技术的简单应用；

任务四：防火墙技术的应用。

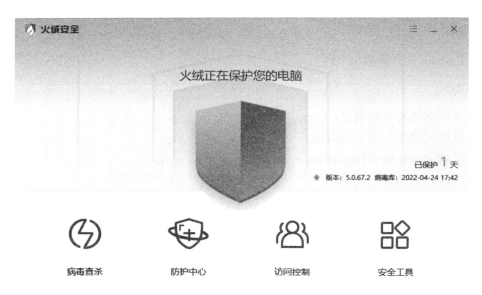

任务一 网络安全的认识

【任务描述】

网络安全是一个全局性的问题，它包括连网的设备、网络操作系统、应用程序和数据的安全等。由于计算机系统本身存在缺陷、信息安全防范技术没有达到人们希望的程度、人们的安全意识还没有到达应有的高度、信息化社会缺乏应有的法规等方面的原因，计算机网络安全成了一个值得人们认真研究的问题。本任务通过几个实验让用户对网络安全有一个初步的认识。

【任务实施】

实验一：利用火绒安全软件建立系统防御

火绒安全软件拥有自主研发的反病毒引擎与动态防御体系，能更好地与产品融合并响应本土安全问题，从而提供强悍、轻巧、高效的安全产品，并支持安全服务的高效运行。

实验步骤如下。

（1）登录网站"www. huorong. cn"下载火绒安全软件 5.0（个人用户）。

（2）在首页选择"免费下载"选项。

（3）下载完成后，打开文件安装包。

（4）在弹出的安装窗口中，选择安装路径，然后单击"极速安装"按钮。

（5）安装完成后，火绒安全软件自动启动，显示窗口如图 10 - 1 - 1 所示。

图 10 - 1 - 1 火绒安全软件显示窗口

（6）单击"病毒查杀"按钮，火绒安全软件会检测系统安全状态，包括系统文件、系统进程、系统启动项、系统服务、驱动程序、浏览器插件等。3~5分钟后扫描完成，如果没有风险项目，单击"完成"按钮即可，否则火绒安全软件将会列出风险项目，根据自己的实际情况，选择删除或者隔离。

实验二：系统防火墙的启用

实验步骤如下。

（1）打开 Windows 10 操作系统的"开始"菜单，选择"更新和安全"选项，如图10 - 1 - 2 所示。

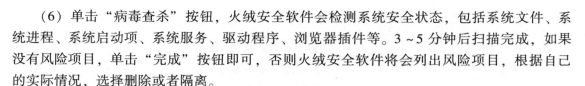

图 10 - 1 - 2　"开始"菜单

（2）在打开的窗口左方，选择"Windows 安全中心"选项，如图10 - 1 - 3 所示。

（3）选择"防火墙和网络保护"选项，启动 Windows 防火墙，如图10 - 1 - 4 所示。

（4）在专用网络和公用网络中打开 Windows 防火墙，如图10 - 1 - 5 所示。

（5）在下方可以选择"高级设置"选项，对防火墙设置白名单、黑名单等。

（6）在弹出的窗口左边找到入站规则，单击鼠标右键选择"新建规则"命令，即可新建一个控制本地程序/端口是否能被外部连接的规则控制项。注：如果选择程序，则为此程序所有监听的端口。

（7）出站规则是本地向外部进行访问的控制，可参考入站规则的方法配置出站规则。

（8）在入站规则中添加本地不想被外部访问的端口并且禁止访问，防止被人恶意利用而造成系统文件丢失、资料泄露等。

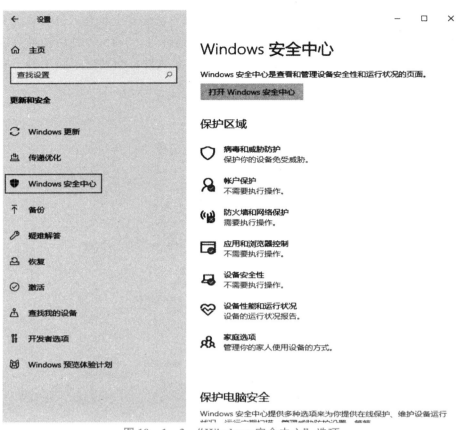

图 10 - 1 - 3 "Windows 安全中心"选项

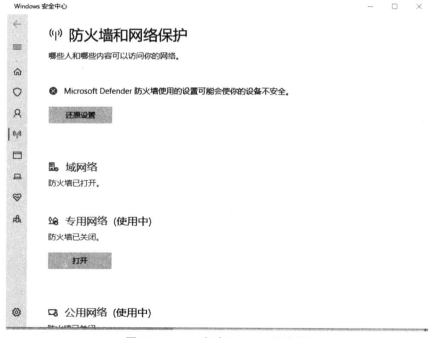

图 10 - 1 - 4 启动 Window 防火墙

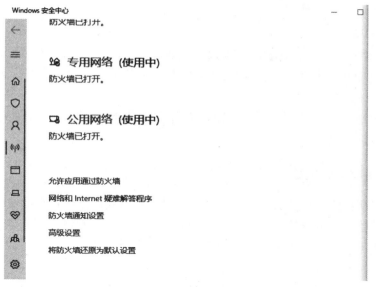

图 10 - 1 - 5　在专用网络和公用网络中打开 Windows 防火墙

【理论知识】

一、网络安全的概念

网络安全是指网络系统的硬件、软件及其中的数据受到保护，不因偶然的或者恶意的原因而遭受破坏、更改、泄露，系统连续可靠正常地运行，网络服务不中断。

网络安全从本质上来讲就是网络上的信息安全。从广义来说，凡是涉及网络上信息的保密性、完整性、可用性、真实性和可控性的相关技术和理论都是网络安全的研究领域。网络安全是一门涉及计算机科学、网络技术、通信技术、密码技术、信息安全技术、应用数学、数论、信息论等多种学科的综合性学科。

二、网络安全的特征

（1）保密性：信息不泄露给非授权用户、实体或过程，或供其利用的特性。

（2）完整性：数据未经授权不能进行改变的特性，即信息在存储或传输过程中保持不被修改、不被破坏和丢失的特性。

（3）可用性：可被授权实体访问并按需求使用的特性，即当需要时能存取所需信息的特性。

（4）可控性：对信息的传播及内容具有控制能力的特性。

（5）可审查性：出现安全问题时能够提供依据与手段的特性。

三、网络安全涉及的范围

（1）网络环境安全：通过访问控制、身份识别和授权来监控用户在系统中的操作，监视路由器、防火墙的使用等。

（2）数据加密：即使数据被窃取也不至于泄露。

（3）调制解调器安全：使用一些技术阻止非法的对调制解调器的访问。

（4）网络隔离：使用防火墙等技术防止通信威胁，有效地隔离非法入侵。

（5）系统维护和管理计划：从安全的角度建立适当的规章制度，有计划地维护和管理网络，防患于未然。

（6）灾难和意外应急计划：建立灾难和意外应急计划、备份方案和其他方法等，保证能够及时恢复系统数据。

四、计算机网络面临的威胁

计算机网络所面临的威胁大体可分为两种：第一种是对网络中信息的威胁；第二种是对网络中设备的威胁。影响计算机网络的因素很多，它们可能是有意的，也可能是无意的；可能是人为的，也可能是非人为的。

归结起来，计算机网络面临的威胁主要有3种。

（1）人为的无意失误。如操作员安全配置不当造成安全漏洞、用户安全意识不强、用户口令选择不慎、用户将自己的账号随意转借他人或与他人共享等都会对网络安全带来威胁。

（2）人为的恶意攻击。这是计算机网络所面临的最大威胁，敌手的攻击和计算机犯罪就属于这一类。此类攻击又可以分为两种：一种是主动攻击，它以各种方式有选择地破坏信息的有效性和完整性；另一种是被动攻击，它是在不影响网络正常工作的情况下，进行截获、窃取、破译以获得重要机密信息。这两种攻击均可对计算机网络造成极大的危害，并导致机密数据的泄露。

（3）网络软件的漏洞和"后门"。网络软件不可能是百分之百的无缺陷和无漏洞的，这些漏洞和缺陷正是黑客进行攻击的首选目标。黑客入侵网络事件大部分就是安全措施不完善所招致的苦果。另外，网络软件的"后门"都是软件公司的设计编程人员为了自便而设置的，一般不为外人所知，但一旦"后门"洞开，其后果将不堪设想。

任务二　网络安全技术的简单应用

【任务描述】

本任务旨在通过几个实验让用户掌握网络安全中常用软件的使用和简单维护网络安全的方法。

【任务实施】

实验一：使用 Windows Defender 安全中心扫描计算机

实施步骤如下。

（1）在 Windows 10 操作系统中，单击"开始"按钮，选择左侧菜单栏中的设置选项，如图 10 - 2 - 1 所示。

图 10 - 2 - 1　"Windows" 设置界面

（2）选择"更新和安全"选项，在弹出界面左侧选择"Windows Defender"选项，如图 10 - 2 - 2 所示。

（3）选择"打开 Windows Defender 安全中心"命令，在弹出的窗口中选择"病毒和威胁防护"选项，如图 10 - 2 - 3 所示。

（4）选择"快速扫描"选项或者选择"高级扫描"→"完全扫描"选项，等待扫描完成。

实验二：360 安全卫士的使用

360 安全卫士是国内最受欢迎免费网络安全软件，它拥有查杀流行木马、清理恶评及系统插件、管理应用软件、实时保护系统，修复系统漏洞等数个强劲功能，同时提供系统全面诊断、弹出插件免疫、使用痕迹清理以及系统还原等特定辅助功能，并且提供对系统的全面诊断报告，方便用户及时定位问题所在，真正为每一位用户提供全方位系统安全保护。

实验步骤如下。

（1）登录"https://www.360.cn/"下载 360 安全卫士。

（2）按照提示安装 360 安全卫士，运行主界面如图 10 - 2 - 4 所示。

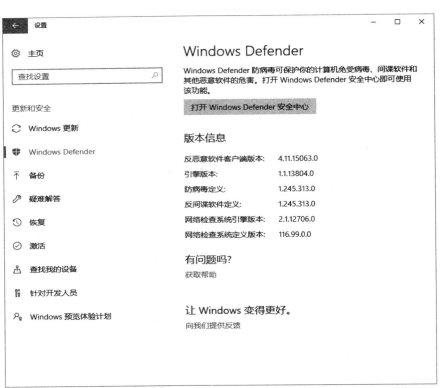

图 10 - 2 - 2　选择"**Windows Defender**"选项

图 10 - 2 - 3　"**Windows Defender** 安全中心"界面

图 10 - 2 - 4　运行主界面

（3）360 安全卫士的主要功能如下。

①实时保护，全方位阻击潜在威胁。整合漏洞、系统、木马、网页、U 盘、ARP 六大防火墙！

②360 木马云查杀能发现未知木马，排除潜在威胁，新增 360 在线智能查杀能将潜在威胁一网打尽。

③软件下载、升级服务全面提升，新增 P2P 高速下载，使下载更加稳定省时。

④增加系统高级补丁，漏洞修复更全面、更贴心，完善修复漏洞设置功能，操作更直观、更方便。

⑤内附 360 保险箱，使用户远离账号问题的困扰，可自由选择 360 保险箱强大的账号保护功能。

⑥具有恶意网址拦截程序，整合互联网搜索技术，打造全面的恶意网址库。

（4）通过 360 安全卫士可以对系统进行全面的检查。

选择"电脑体检"→"立即体检"命令，得到的检测结果涉及杀毒软件、系统共享资源、远程桌面、流行木马、恶评插件、系统漏洞、软件漏洞、系统时间、360 自我保护、网页木马等。一旦发现系统漏洞或其他系统问题，即时提供解决方案，提示用户升级系统、直接下载系统补丁或采用 360 安全卫士提供的临时方法等。

（5）360 安全卫士从系统及应用软件本身着手，有效地增强了"免疫力"，杜绝了很多安全隐患。

实验三：进行注册表管理，远离计算机病毒

计算机病毒对计算机系统可以造成很大的影响，大部分计算机病毒都是对应用程序及数据进行破坏，尤其是木马病毒更令人头疼不已。目前流行的杀毒软件并不能完全控制新型计算机病毒的蔓延，所以用户有必要学习通过注册表管理来远离计算机病毒。

实验步骤如下。

（1）通过注册表禁止网页弹窗广告。

在使用 Windows 操作系统时经常出现弹窗广告，影响操作者的正常使用。

解决方法：按"Win + R"组合键，输入"regedit"，按 Enter 键，如图 10 – 2 – 5 所示。打开"注册表编辑器"，如图 10 – 2 – 6 所示。在左侧列表中定位到"HKEY_LOCAL_MACHINE\SOFTWARE\Microsoft\WindowsNT\CurrentVersion\Winlogon"，然后在右侧窗口中找到 LegalNoticeCaption 和 LegalNoticeText 两个字符串值，在这两个值上单击鼠标右键，选择"删除"命令，删除这两个值以后就可以禁止网页弹窗广告。

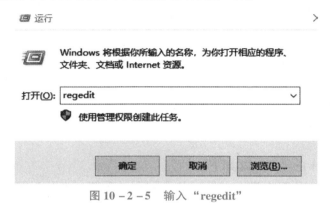

图 10 – 2 – 5　输入"regedit"

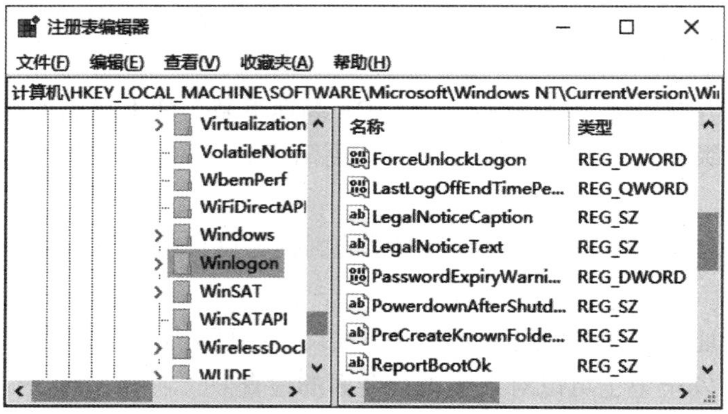

图 10 – 2 – 6　注册表编辑器

（2）通过注册表开启或关闭自动维护功能。

①按"Win + R"组合键，输入"regedit"，按 Enter 键，打开"注册表编辑器"。

②展开以下注册表位置：HKEY_LOCAL_MACHINE\SOFTWARE\Microsoft\Windows NT\CurrentVersion\Schedule\Maintenance。

③在右侧窗口中新建名为"MaintenanceDisabled"的 DWORD（32 位）值。

④双击"MaintenanceDisabled"项，将其值修改为 1，保存，即可关闭自动维护功能。

⑤重启系统。

如果想重新开启自动维护功能，只需要将"MaintenanceDisabled"项的值修改为 0 或删除该键值即可。

❀ 提示：

由于以上采用的方法是将服务项都删除，以后无法使用该服务，因此在删除前一定将该项信息导出并保存。以后再想使用该服务时只需要将已经保存的注册表文件导入即可。另外，如果觉得将服务删除不安全还可以将其改名，也可以起到一定的防护作用。

（3）通过注册表清除默认共享。

在 Windows 操作系统中默认开启一些共享，它们是 ADMIN \$，ipc \$，C \$，d \$，e \$ 等。很多黑客和计算机病毒都是通过这些默认共享入侵操作系统的，因此需要将这些默认共享关闭。

解决方法如下。

选择"开始"→"运行"选项，输入"regedit"，按 Enter 键，打开"注册表编辑器"，展开以下注册表位置：HKEY_LOCAL_MACHINE \ SYSTEM \ CurrentControlSet \ Services \ lanmanserver\parameters。双击右侧窗口中的"AutoShareServer"项，将键值由 1 改为 0，这样就能关闭硬盘各分区的共享。如果没有"AutoShareServer"项，可以新建一个再修改键值。然后在这一窗口中找到"AutoShareWks"项，把键值由 1 改为 0，关闭 admin \$ 共享。最后在"HKEY_LOCAL_MACHINE \ SYSTEM \ CurrentControl \ SetControlLsa"位置处找到"restrictanonymous"项，将键值设为 1，关闭 IPC \$ 共享。

注意：使用本方法必须重启计算机，一经改动就会永远停止共享。

❀ 提示：

如果本地计算机不与其他计算机共享文件和打印服务，还有一种更简单的方法关闭这些默认共享，就是将 Server 服务禁用。

（4）在注册表中删除启动项。

如果要删除系统开机启动项（影响所有用户，类似上面的"系统启动文件夹"），则在左侧列表中定位至"HKEY_LOCAL_MACHINE \ SOFTWARE \ Microsoft \ Windows \ CurrentVersion\Run"，然后在右侧窗口中用鼠标右键单击某个启动项，选择"删除"命令即可，如图 10 - 2 - 7 所示。

（5）通过注册表关闭 Windows10 通知中心。

①按"Win + R"组合键，输入"regedit"，打开"注册表编辑器"。

②在左侧列表中定位至：HKEY_LOCAL_MACHINE \ Software \ Microsoft \ Windows \ CurrentVersion\ImmersiveShell。

③在右侧窗口中双击打开"UseActionCenterExperience"项，修改其值为 0，单击"确定"按钮即可（注：如果无此项，通过鼠标右键新键 DWORD（32 位）值），如图 10 - 2 - 8、图 10 - 2 - 9 所示。

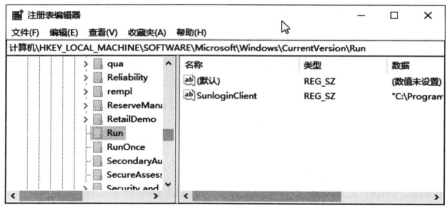

图 10 - 2 - 7　删除启动项

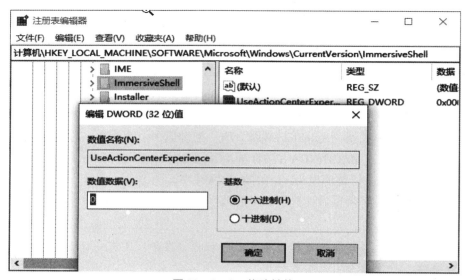

图 10 - 2 - 8　修改键值

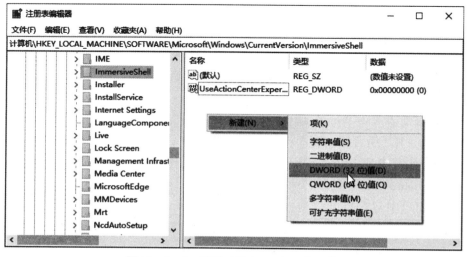

图 10 - 2 - 9　新建 DWORD（32 位）值

【理论知识】

一、计算机病毒的定义

计算机病毒在《中华人民共和国计算机信息系统安全保护条例》中被明确定义，指"编制或者在计算机程序中插入的破坏计算机功能或者破坏数据，影响计算机使用并且能够自我复制的一组计算机指令或者程序代码"。

二、计算机病毒的特点

计算机病毒具有以下几个特点。

1. 寄生性

计算机病毒寄生在其他程序之中，当执行这个程序时，计算机病毒就起破坏作用，而在未启动这个程序之前，它是不易被人发觉的。

2. 传染性

计算机病毒不但具有破坏性，还具有传染性，一旦计算机病毒被复制或产生变种，其蔓延速度之快令人难以预防。

传染性是病毒的基本特征。在生物界，病毒通过传染从一个生物体扩散到另一个生物体。在适当的条件下，它可进行大量繁殖，并使被感染的生物体表现出病症甚至死亡。同样，计算机病毒也会通过各种渠道从已被感染的计算机扩散到未被感染的计算机，在某些情况下造成被感染的计算机工作失常甚至瘫痪。与生物病毒不同的是，计算机病毒是一段人为编制的计算机程序代码，这段程序代码一旦进入计算机并得以执行，它就会搜寻其他符合其传染条件的程序或存储介质，确定目标后再将自身代码插入，达到自我繁殖的目的。只要一台计算机染毒，如不及时处理，那么病毒会在这台计算机上迅速扩散，其中的大量文件（一般是可执行文件）会被感染。而被感染的文件又成了新的传染源，再与其他计算机进行数据交换或通过网络接触，计算机病毒会继续进行传染。正常的计算机程序一般是不会将自身的代码强行连接到其他程序之上的，而计算机病毒却能使自身的代码强行连接到一切符合其传染条件的未受到传染的程序之上。计算机病毒可通过各种可能的渠道（如计算机网络）去传染其他计算机。当在一台计算机上发现了计算机病毒时，往往与这台计算机相连的其他计算机也被该计算机病毒感染。是否具有传染性是判别一个程序是否为计算机病毒的最重要的条件。计算机病毒通过修改磁盘扇区信息或文件内容并把自身嵌入的方法达到传染和扩散的目的。被嵌入的程序叫作宿主程序。

3. 潜伏性

有些计算机病毒像定时炸弹一样，它在什么时间发作是预先设计好的。比如黑色星期五病毒，不到预定时间不会被觉察，等到条件具备的时候（到了预定时间）就会爆发，对计算机系统进行破坏。一个编制精巧的计算机病毒，进入系统之后一般不会马上发作，可以在几周或者几个月甚至几年内隐藏在合法文件中，对其他系统进行传染而不被人发现，潜伏性越好，其在系统中的存在时间就越长，传染范围也就越大。潜伏性的第一种表现是，计算机病毒不用专用检测程序是检查不出来的，因此计算机病毒可以静静地躲在磁盘里呆上几天甚至几年，一旦时机成熟，得到运行机会，就会四处繁殖、扩散，产生危害。潜伏性的第二种表现是，计算机病毒的内部往往有一种触发机制，不满足触发条件时，计算机病毒除了传染外不做什么破坏。触发条件一旦得到满足，有的计算机病毒在屏幕上显示信息、图形或特殊标识，有的计算机病毒则执行破坏系统的操作，如格式化磁盘、删除磁盘文件、对数据文件加密、封锁键盘以及使系统死锁等。

4. 隐蔽性

计算机病毒具有很强的隐蔽性，有的可以通过杀毒软件检查出来，有的根本就查不出来，有的时隐时现、变化无常，这类计算机病毒处理起来通常很困难。

5. 破坏性

计算机病毒可能导致正常的程序无法运行，把计算机内的文件删除或使文件受到不同程度的损坏。

6. 可触发性

某个事件或数值的出现，诱使计算机病毒实施感染或进行攻击的特性称为可触发性。为了隐蔽自己，计算机病毒必须潜伏，少做动作。如果完全不动，一直潜伏，计算机病毒既不能感染也不能进行破坏，便失去了杀伤力。计算机病毒既要隐蔽又要维持杀伤力，因此它必须具有可触发性。计算机病毒的触发机制就是用来控制感染和破坏动作的频率的。计算机病毒具有预定的触发条件，这些条件可能是时间、日期、文件类型或某些特定数据等。计算机病毒运行时，触发机制检查预定条件是否满足，如果满足，则启动感染或破坏动作，使计算机病毒进行感染或攻击；如果预定条件不满足，则使计算机病毒继续潜伏。

三、计算机病毒的分类

1. 根据计算机病毒存在的媒体进行分类

根据计算机病毒存在的媒体，计算机病毒可以划分为网络病毒、文件病毒、引导型病毒。

（1）网络病毒通过计算机网络传播，感染计算机网络中的可执行文件。

（2）文件病毒感染计算机中的文件。

（3）引导型病毒感染启动扇区（Boot）和硬盘的系统引导扇区（MBR）。

还有以下三种类型的混合型计算机病毒，例如多型病毒（文件病毒和引导型病毒的混合）感染文件和引导扇区两种目标，这样的计算机病毒通常都具有复杂的算法，它们使用非常规的办法侵入系统，同时使用了加密和变形算法。

2. 根据计算机病毒传染的方法进行分类：

根据计算机病毒传染的方法，计算机病毒可分为驻留型病毒和非驻留型病毒。

（1）驻留型病毒感染计算机后，把自身的内存驻留部分放在内存（RAM）中，这一部分程序挂接系统调用并合并到操作系统中去，它处于激活状态，一直到关机或重新启动。

（2）非驻留型病毒在得到机会激活时并不感染计算机内存。一些计算机病毒在内存中留有小部分，但是并不通过这一部分进行传染，这类计算机病毒也被划分为非驻留型病毒。

3. 根据计算机病毒的破坏能力进行分类

根据计算机病毒的破坏能力，计算机病毒可以划分为无害型病毒、无危险型病毒、危险型病毒和非常危险型病毒。

（1）无害型病毒：除了传染时减少磁盘的可用空间外，对系统没有其他影响。

（2）无危险型病毒：这类计算机病毒仅减小内存、显示图像、发出声音及同类音响。

（3）危险型病毒：这类计算机病毒在计算机系统操作中会造成严重危害。

（4）非常危险型病毒：这类计算机病毒删除程序、破坏数据、清除系统内存区和操作系统中重要的信息。

这些计算机病毒对系统造成的危害，并不是本身的算法中存在危险的调用，而是当它们传染时会引起无法预料的、灾难性的破坏。由计算机病毒引起的其他程序的错误也会破坏文件和扇区。一些现在的无害型病毒也可能对操作系统造成破坏。例如：在早期的病毒中，有一个"Denzuk"病毒在 360 kB 磁盘上很好地工作，不会造成任何破坏，但是在后来的高密度软盘上却能引起大量的数据丢失。

4. 根据计算机病毒特有的算法进行分类

根据计算机病毒特有的算法，计算机病毒可以划分为伴随型病毒、"蠕虫"型病毒、寄生型病毒、诡秘型病毒和变型病毒。

（1）伴随型病毒并不改变文件本身，它根据算法产生 exe 文件的伴随体，具有同样的名字和不同的扩展名（com），例如："XCOPY.exe"的伴随体是"XCOPY.com"。计算机病毒把自身写入 com 文件并不改变 exe 文件，当 DOS 加载文件时，伴随体优先被执行，再由伴随体加载执行原来的 exe 文件。

（2）"蠕虫"型病毒通过计算机网络传播，不改变文件和资料信息，利用计算机网络从一台计算机的内存传播到其他计算机的内存，计算将自身的计算机病毒通过计算机网络发送。"蠕虫"型病毒一般除了内存不占用其他资源。

（3）除了伴随型和"蠕虫"型病毒，其他计算机病毒均可称为寄生型病毒，它们依附在系统的引导扇区或文件中，通过系统的功能进行传播。

（4）诡秘型病毒一般不直接修改 DOS 终端和扇区数据，而是通过文件缓冲区等进行DOS 内部修改。

（5）变型病毒（又称幽灵病毒）使用复杂的算法，使自己每传播一份都具有不同的内容和长度。它一般由一段混有无关指令的解码算法和被变化过的病毒体组成。

任务三 网络加密和认证技术的简单应用

【任务描述】

数据加密是计算机网络安全的很重要的一个部分。不仅要对口令进行加密，有时也要对在网络中传输的文件进行加密。认证则是防止主动攻击的重要技术，它对开放环境中的各种信息系统的安全有重要作用。本任务旨在通过 2 个实验完成网络加密和认证技术的简单应用。

【任务实施】

实验一：163邮箱的注册和使用

电子邮箱既方便又实用。电子邮箱的注册和登录都涉及网络加密和认证。

实施步骤如下。

（1）登录"www.163.com"，单击"注册免费邮箱"按钮，弹出图10-3-1所示对话框。

注册时"输入密码"和"确认密码"过程即数据加密的一种方式。

（2）利用刚才注册的信息登录163邮箱时需要输入正确的用户名和密码，这就成功完成了用户的身份认证。

实验二：Word文档加密

实施步骤如下。

（1）打开Word文档，选择"文件"→"信息"→"保护文档"→"用密码进行加密"命令，如图10-3-2所示。

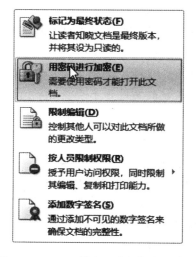

图10-3-1 "欢迎注册网易邮箱"对话框　　图10-3-2 "用密码进行加密"命令

（2）在"加密文档"对话框中可输入权限密码或修改权限密码，如图10-3-3所示。

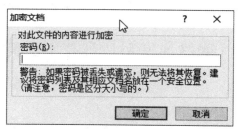

图10-3-3 "加密文档"对话框

该过程即完成了安全认证。

【理论知识】

一、网络加密相关术语

1. 公钥和私钥

形象地说，公开的密钥叫作公钥，只有自己知道的密钥叫作私钥。

2. 对称加密

对称加密也叫作私钥加密，因为加密和解密使用相同的密钥，并且密钥是保密的，不向外公布。

3. 非对称加密

非对称加密也叫作公钥加密，它有两个不同的密钥，一个是公布于众的，谁都可以使用的公开密钥，另一个是只有用户知道的非公开密钥。发送方用公开密钥对数据加密，对方收到数据后使用非公开密钥进行解密。

4. 密文

经过人工加密后所传输的直接信息称为密文。

5. 明文

接收方通过共同的密码破译方法将文破译解读为直接的文字或可直接理解的信息，称为"明文"。

二、非对称加密和对称加密过程

非对称加密过程如图 10 – 3 – 4 所示，对称加密过程如图 10 – 3 – 5 所示。

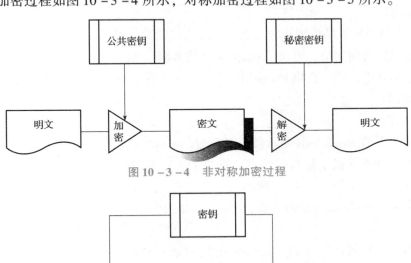

图 10 – 3 – 4　非对称加密过程

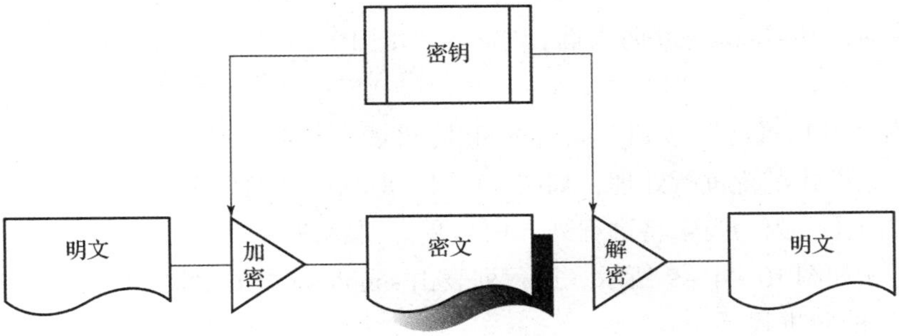

图 10 – 3 – 5　对称加密过程

三、认证

（1）消息认证：预定的接收者能够检验收到的消息是否真实的方法。

（2）身份认证：网络安全性取决于能否验证通信或终端用户个人身份。身份认证大致可分为以下 3 种。

①口令机制；

②个人持证；

③个人特征。

（3）数字签名：一种信息认证技术，利用数据加密技术、数据交换技术，根据某种协议产生一个反映被签署文件的特征和签署人的特征，以保证文件的真实性和有效性，同时也可用来核实接收者是否有伪造、篡改行为。

任务四 防火墙技术的简单应用

【任务描述】

防火墙是在计算机上设立的防止内部网络与公共网络直接连接的一种机制。防火墙是网络安全的一道闸门，所有与计算机的连接都必须通过防火墙来实现。本任务通过使用操作系统本身的防火墙和天网防火墙来讲解网络安全中的防火墙技术。

【任务实施】

实验：simplewall 防火墙的使用

Windows 自带的防火墙设置比较专业，一般人可能觉得操作比较麻烦，如果想限制一些不必要上网的软件访问网络，可使用 simplewall 防火墙。simplewall 防火墙是一款简单易用的个人免费防火墙软件，是一套供 PC 使用的网络安全程序，可以抵挡网络入侵和攻击。

实施步骤如下。

1. 安装与启动

可以从网上下载 simplewall 防火墙安装程序。simplewall 防火墙比较小巧，大小还不到 1 MB。根据安装向导的提示将其安装到计算机上。安装过程较为简单，不做详细介绍。安装步骤如图 10－4－1～图 10－4－6 所示。

安装完成后启动 simplewall 防火墙，主界面如图 10－4－7 所示。

2. 设置与使用

（1）单击"开启过滤"按钮，simplewall 防火墙会检测到任何尝试与 Internet 建立连接的进程，并根据模式配置进行处理，如图 10－4－8 所示。如果保留默认模式，则会注意到所有连接都被阻止，因为尚未将进程列入白名单。要将进程列入白名单/黑名单，只需从列表中选择即可，如图 10－4－9 所示。进程列表由 simplewall 防火墙定期更新，以列出尝试进行 Internet 连接的新进程。

图 10 - 4 - 1　安装 simplewall 防火墙（1）

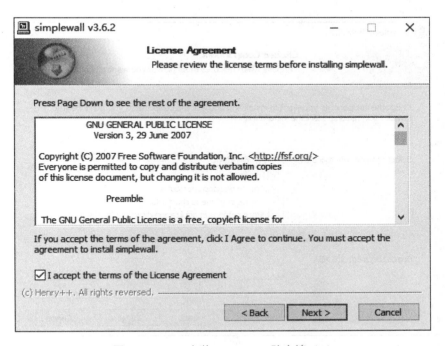

图 10 - 4 - 2　安装 simplewall 防火墙（2）

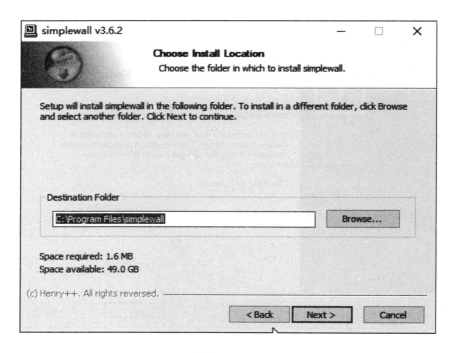

图 10 - 4 - 3　安装 simplewall 防火墙（3）

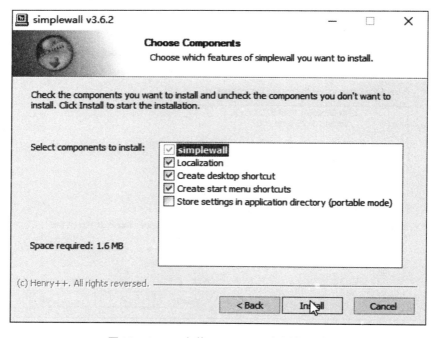

图 10 - 4 - 4　安装 simplewall 防火墙（4）

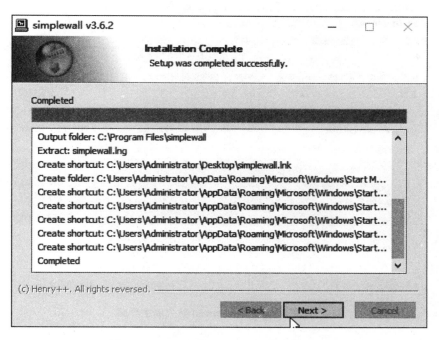

图 10 - 4 - 5 安装 simplewall 防火墙（5）

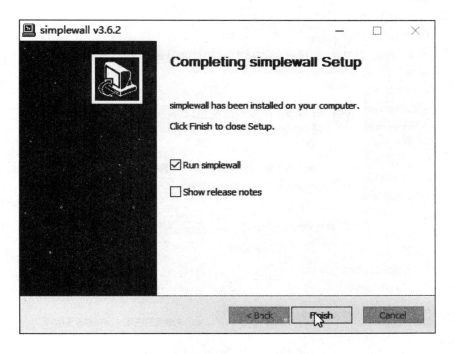

图 10 - 4 - 6 安装 simplewall 防火墙（6）

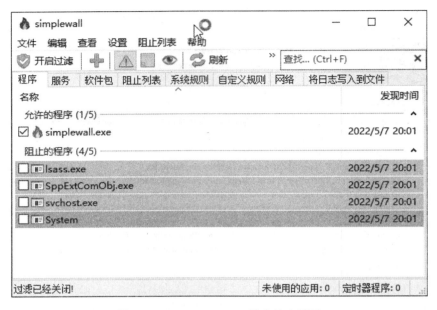

图 10 – 4 – 7　simplewall 防火墙主界面

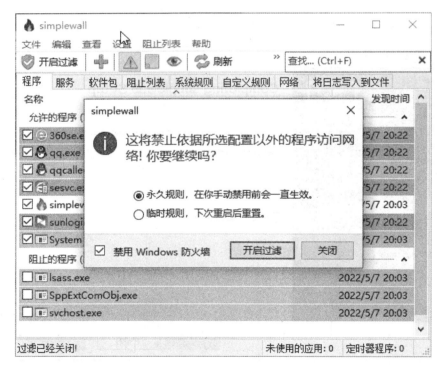

图 10 – 4 – 8　检测到相关进程

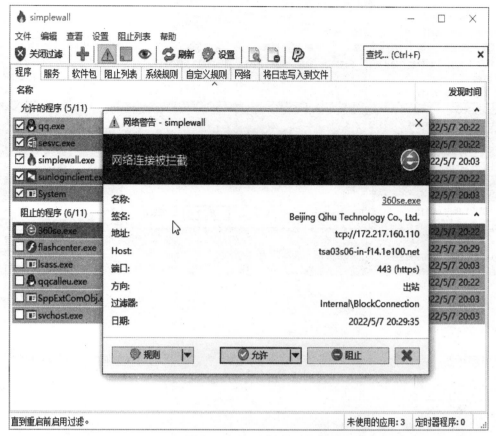

图 10 – 4 – 9　选择进程

（2）软件在默认的状态下采用的是白名单制度，也就是说加入白名单的程序可以正常地进行网络访问，没有加入白名单的程序则无法进行网络访问。比如在 simplewall 防火墙窗口列表中单击鼠标右键，在弹出的菜单中选择"添加"→"添加文件"命令，然后在弹出的对话框中选择允许网络访问的程序，单击"打开"按钮后就可以将其添加到软件窗口的列表中。这时程序默认被添加到"阻止的程序"这一项中，在其中勾选该程序后它就被移动到"允许的程序"项中，该程序即可以进行正常的网络访问，如图 10 – 4 – 10 所示。

（3）除了控制好系统中的程序以外，对系统端口的管理也非常重要，因为很多计算机病毒都是利用系统的端口入侵的。选择"设置"→"设置"命令，在弹出的对话框中选择左侧列表中的"自定义规则"命令，然后在右侧列表中单击鼠标右键，选择"添加"命令后就可以开始自定义规则的创建操作，如图 10 – 4 – 11 所示。

首先自定义一个规则名称，接着在"自定义规则"选项卡中设置要进行拦截的端口。由于主要拦截外部对本地端口的攻击，所以在这里设置为"127.0.0.1""135；127.0.0.1""139；127.0.0.1：445"，它表示对 127.0.0.1 的 135、139、445 这几个端口进行操作，如图 10 –4 –12 所示。接着选择"方向"→"入站"选项，以及"操作"→"阻止"选项，单击"应用"按钮，最后返回列表中勾选该规则，即可以封堵这几个端口了。

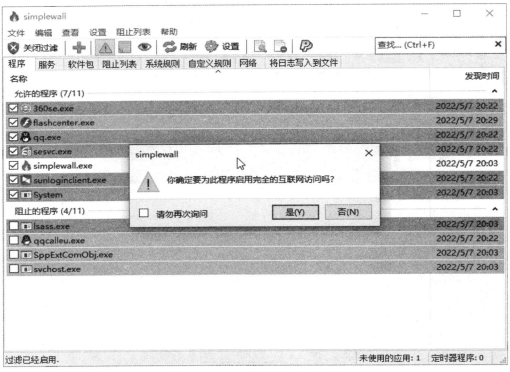

图 10 - 4 - 10　将程序加入白名单

图 10 - 4 - 11　创建自定义规则

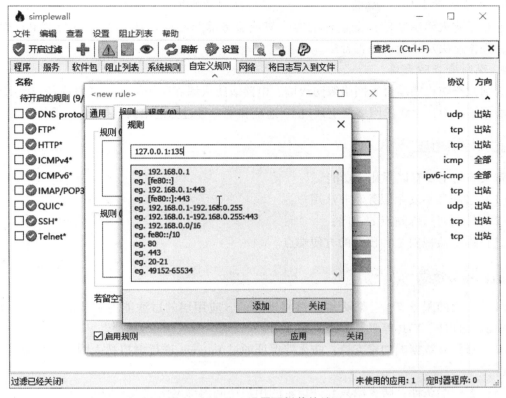

图 10 - 4 - 12　设置要拦截的端口

（4）simplewall 防火墙会保留日志文件，可以随时打开日志文件以查找有关错误和连接的更多信息。simplewall 防火墙不支持通知系统。

【理论知识】

一、防火墙的定义

防火墙是一个或一组能够增强机构内部网络安全性的系统。

防火墙可以设定哪些内部服务可以被外界访问，外界的哪些人可以访问内部的哪些服务，以及哪些外部服务可以被内部人员访问。

二、防火墙的基本类型

1. 网络级防火墙

网络级防火墙一般基于源地址和目的地址、应用、协议以及每个 IP 包的端口来做出通过与否的判断。

2. 应用级防火墙

应用级防火墙能够检测进出的数据包，通过网关复制传递数据，防止受信任服务器和客户机与不受信任的主机直接建立联系。

3. 电路级防火墙

电路级防火墙用来监控受信任的客户机或服务器与不受信任的主机间的 TCP"握手"信息，并据此决定该会话是否合法。

4. 规则检查防火墙

规则检查防火墙结合了网络级防火墙、电路级防火墙和应用级防火墙的特点。规则检查防火墙能够在 OSI/RM 的网络层上通过 IP 地址和端口号过滤进出的数据包。

三、防火墙的功能

防火墙的主要有以下几个功能。

（1）过滤掉不安全服务和非法用户；

（2）控制对特殊站点的访问；

（3）提供监视安全和预警的方便端点。

四、防火墙的特点

（1）广泛的服务支持：防火墙通过将动态的、应用层的过滤能力和认证相结合，可实现 WWW、HTTP、FTP 等服务。

（2）对私有数据的加密支持：防火墙保证通过 Internet 进行虚拟私人网络和商务活动不受损害。

（3）客户端认证：防火墙只允许指定的用户访问内部网络或选择服务。

（4）反欺骗：欺骗是从外部获取网络访问权的常用手段，它使数据包好似来自网络内部，防火墙应能监视这样的数据包并能扔掉它们。

（5）C/S 模式和跨平台支持：防火墙能使运行在某一平台的管理模块控制运行在另一平台的监视模块。

【项目小结】

本项目系统介绍了计算机网络安全方面的相关知识。

本项目首先从网络安全的概念出发，介绍了网络安全的基础知识；其次结合部分应用软件介绍了网络安全技术的简单应用，重点讲解计算机病毒的知识；然后通过注册、登录电子邮箱和加密 Word 文档的案例介绍了网络安全中的加密和认证技术；最后介绍了防火墙的基本知识，特别介绍了 simplewall 防火墙的设置过程。

通过本项目的学习，应该初步建立计算机网络安全的概念，为今后进一步学习打下基础。

【独立实践】

使用防火墙禁止 QQ 游戏运行的步骤如下。

（1）运行 simplewall 防火墙，打开主界面，单击 ➕ 按钮。

（2）单击"增加规则"图标，打开"< new rule >"对话框，如图 10 – 4 – 13 所示。

图 10 – 4 – 13　"< new rule >" 对话框

（3）单击"浏览"按钮，指向需要禁止的应用程序"Qqgame. exe"，在"通用"选项卡中添加名称，并在"方向"区域单击"全部"单选按钮，在"操作"区域单击"阻止"单选按钮，如图 10 – 4 – 14 所示，单击"确定"按钮即可。

图 10 – 4 – 14　进行相关设置

（4）此后当再次启动 QQ 游戏时，应用程序将无法与服务器连接，出现图 10 – 4 – 15 所示界面，提示"登录超时，请检查您的网络是否受限或者网络设置是否正确"。

图 10 – 4 – 15　提示信息

【思考与练习】

问答题

1. 什么是网络安全？它包括哪些部分？

2. 什么是计算机病毒？列举常见的杀毒软件。

3. 对称加密与非对称加密有何不同？

4. 防火墙有什么作用？

5. 结合自己的理解和经历，谈谈如何实现网络安全。

项目十一

网络管理技术

随着信息技术的飞速发展，计算机网络的应用规模呈爆炸式增长。硬件平台、操作系统平台、应用软件等变得越来越复杂，难以进行统一管理，导致网络管理工作越来越繁重。对于稳定、高效运行的网络系统来说，健全的网络管理必不可少。

【项目描述】

网络管理就是监视和控制一个复杂的计算机网络，以确保其尽可能长时间地正常运行或在网络出现故障时尽可能地发现和修复故障，使之最大限度地发挥其应有效益的过程。也就是说，网络管理包括网络监视和网络控制两个方面。网络控制中最为重要的部分就是网络安全。本项目的重点是学会使用系统日志和网络监视器；了解网络监视与统计软件的使用；了解网络管理软件的用法及功能，通过系统本身的以及常用的软件工具，掌握网络监视的基本方法。

【项目需求】

连接 Internet 的计算机（1 台）。

【相关知识点】

（1）掌握网络管理的基本概念；
（2）了解常用的网络管理协议；
（3）掌握网络管理的应用。

【项目分析】

本项目主要分为以下两个任务。
任务一：认识网络管理；
任务二：网络管理的简单应用。

$$任务一 \quad 认识网络管理$$

【任务描述】

网络管理包括对硬件、软件和人力的使用、综合与协调，以便对网络资源进行监视、测试、配置、分析、评价和控制，这样就能以合理的价格满足网络的一些需求，如实时运行性能、服务质量等。

本任务主要分为两部分内容：①通过学习 SiteView 的安装和应用，了解网络管理的基本常识，掌握网络管理的常规操作；②了解聚生网管的安装要求和安装过程，理解网络监测的对象和内容，掌握聚生网管的设置。

【任务实施】

实验一：SiteView 的安装与应用

SiteView 的运行界面如图 11 – 1 – 1 所示。

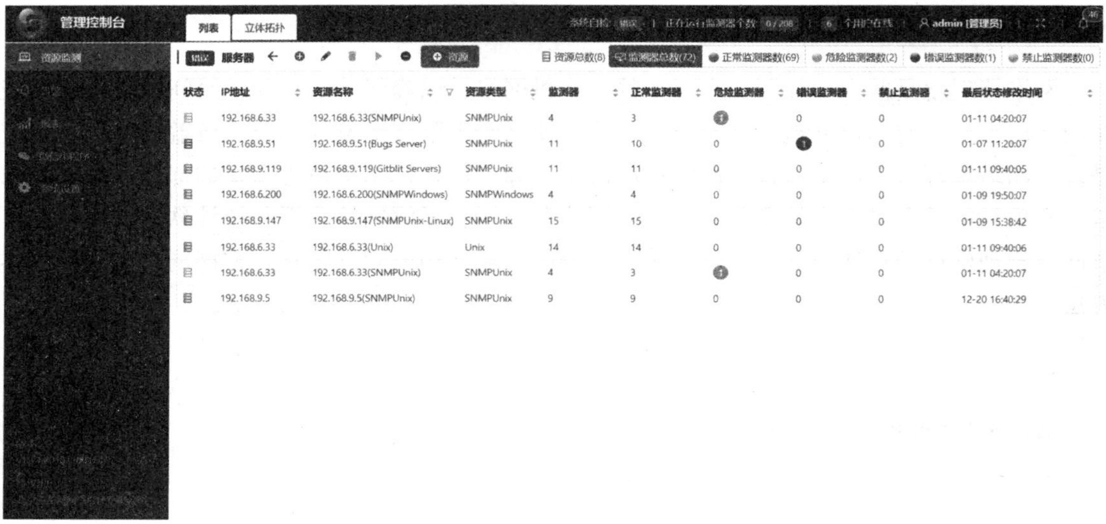

图 11 – 1 – 1　SiteView 的运行界面

SiteView 是专门针对中国网管人员开发的网络设备管理软件，采用了多项业界领先的智能化技术，是智能化的网管软件，包含网络拓扑管理、设备管理、配置管理、故障和工作状态管理、性能管理、报表统计、多用户安全管理等功能。具体如下。

（1）通过网络自动搜索，自动发现网络设备，自动发现设备类型，自动发现设备间的连接关系。

（2）自动发现设备上的网络接口、设备板卡、线路、链路、处理器、内存、磁盘、数据库服务、中间件应用、软件服务等设备资源信息。

（3）通过智能化的拓扑图操作界面实时直观地组织和呈现被管网络、设备和设备资源。

（4）通过智能化的故障监控策略定义、性能采集策略定义，实现对任何 SNMP、WMI、Telnet/SSH、ODBC/JDBC、JMX 设备和应用的监控。

（5）管理网络设备的端口、带宽、吞吐量、流量、丢包率、错误包、运行状况等。

（6）管理 Windows、Linux、UNIX 服务器的运行状态、CPU、内存、磁盘、进程等。

（7）监视各种数据库、中间件、Web 服务器、邮件服务器、J2EE 服务器、应用系统等。

（8）通过邮件、短信、状态灯、界面提示等方式对故障、状态、消息进行分发。

（9）深入了解设备及服务器的配置信息、运行信息、性能图表、故障图表等。可管理和全面监控网络设备、主机/服务、中间件应用、Web 服务。

实验步骤如下。

1．SiteView 的安装

（1）运行 SiteView 试用版安装程序，进行安装。

（2）打开 Windows 管理工具中的服务。

（3）停止 SiteView 服务，再设置其属性，调整它的登录身份为此账户，单击"浏览"按钮，从用户中选择"Administrator"。

（4）重新启动上述服务。

（5）对 SiteView_Shedule 服务，进行与步骤（3）和（4）相同的设置。

（6）确认 WMI 和 WMIDE 服务已启动。

2．在本机启动 SiteView

（1）双击桌面上的 SiteView 图标。

（2）单击"启动 SiteView"按钮。

（3）确认用户名为"admin"，口令无。

（4）观察 SiteView 的窗口，注意左边为功能按钮，右边为监测组和组中的对象（绿灯表示正常，黄灯表示危险，红灯表示错误）。

3．SiteView 监测设置

（1）单击服务器组，为当前服务器组添加一个对象——本机 C 盘，频率为每 30 分钟 1 次，标题为"我的 C 盘"。高级选项如下。

错误：使用率≥90%；

危险：使用率≤80%；

正常：使用率≥0%。

其他参数不做改动。最后单击"添加"按钮。

（2）单击左边分组视图按钮，回到整体性能界面，观察服务器组中各对象的状态。双击"我的 C 盘"对象，通过运行情况表了解更详细的监测内容。

（3）回到整体性能界面，单击服务器组，编辑本机 C 盘对象属性，调整 C 盘使用率报值，让其状态显示分别为黄色和红色。

（4）添加一个名为"实验"的新组。

（5）在上述新组中，建立如下3个监测对象。

①服务器监测中的 network，名称为"数据传输"。错误：10%；危险：5%；正常：0%。

②网络监测中的端口，输入本机的端口号为80。数据往返时间≥30时为错误，数据往返时间≥20时为危险，数据往返时间≥0时为正常。

③Web 应用监测中的 ASP 名称为"Asp"，预处理错误数≥5时为错误，预处理错误数≥2时为危险，预处理错误数=0时为正常。

（6）回到分组视图，观察结果。

（7）尝试通过"添加网络设备"命令添加一台主机，输入合作者并选择监测对象，设置其属性。

4. 设置故障警报

（1）展开"故障警报"，单击"警报列表"按钮建立第一个警报。

（2）选择 E–mail 警报。

（3）单击"定义警报"按钮。

①选择"警报目标"→"服务器组：我的 C 盘"选项。

②输入接收电子邮件的地址。

③选择发送条件"在第1次满足条件时，总发送"，再保存设置。

④回到警报窗口后将看到列表，单击"测试"按钮后观察结果。

⑤单击"查看历史记录"按钮可看到曾经发出的警报。

⑥单击"编辑"图标可以修改刚才的定义。若删除，则单击红叉按钮。

（4）添加第二个警报，选择"声音警报"选项，在定义中对"本机 CPU"进行设置。参考步骤④⑤⑥对本警报进行测试。

实验二：聚生网管的安装与应用

作为国内最早的企业级网络管理软件，聚生网管是当前国内功能最全面、安装部署最快捷、操作最简单的局域网网络控制软件，只需要在局域网中的一台计算机上安装即可。它具有简单和人性化的图形操作界面，不需要专门培训，也不需要专业的计算机知识，仅需要简单的计算机常识即可，可满足各层次网络管理员的需要。

实验步骤如下。

1. 安装聚生网管

首先运行"LanQos. exe"，安装聚生网管主程序；然后运行"Winpcap. exe"，安装抓包程序；如果有加密狗，还需要安装加密狗驱动程序（试用版无须安装），如图 11 – 1 – 2 所示。

2. 启动聚生网管

选择"开始"→"程序"→"聚生网管"选项。首次使用时需要配置监控网段，单击"新建监控网段"按钮，如图 11 – 1 – 3 所示。

输入网段名称，单击"下一步"按钮，如图 11 – 1 – 4 所示。

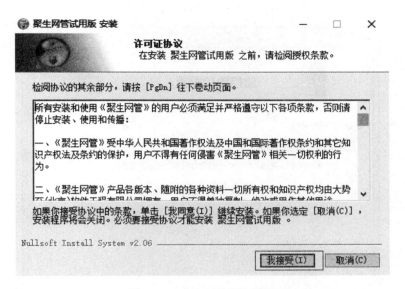

图 11 - 1 - 2　安装聚生网管

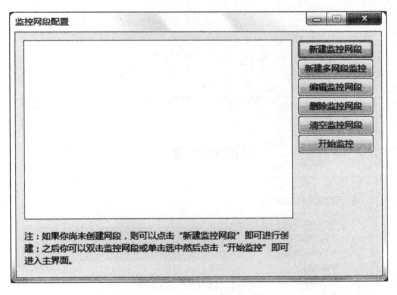

图 11 - 1 - 3　配置监控网段

　　选择接入当前网络的网卡，单击"下一步"按钮，然后单击"完成"按钮，如图 11 - 1 - 5 所示。

　　双击刚刚建立的网段，进入聚生网管监控界面，单击左上角的"启动监控"按钮，软件会自动扫描网络内所有主机，如图 11 - 1 - 6 所示。

　　3. 使用聚生网管的一般步骤

　　(1) 勾选要控制的计算机，如图 11 - 1 - 7 所示。

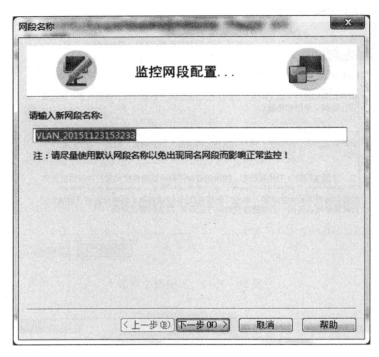

图 11 - 1 - 4　输入网段名称

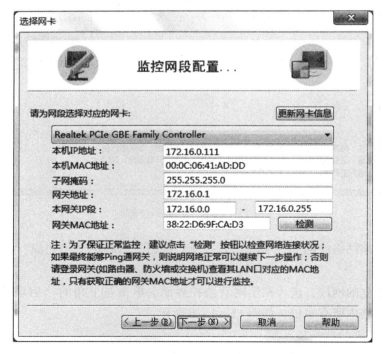

图 11 - 1 - 5　选择网卡

图 11 - 1 - 6　聚生网管监控界面

IP地址(打勾控制)	主机名(点击修改)	(总)上行(0.00 KB/S)	(总)下行(0.00 KB/S)	连接状态
☐ 172.16.0.111	控制机	0.00	0.00	连接正常
☑ 172.16.0.121	WINDOWS-VS...	0.00	0.00	连接正常
☑ 172.16.0.134	WIN7-64	0.00	0.00	连接正常
☑ 172.16.0.188	WIN-KOMDGI...	0.00	0.00	连接正常
☑ 172.16.0.100	CHEN-PC	0.00	0.00	连接正常

图 11 - 1 - 7　勾选要控制的计算机

（2）单击"配置策略"→"新建策略"按钮，输入策略名称（例如"工作策略"），单击"确定"按钮，即可编辑"工作策略"，如图 11 - 1 - 8 所示。

在这里设置控制内容，以禁止在线视频为例，首先单击"P2P 下载限制"按钮，然后勾选"启用 P2P 视频限制""启用视频网站限制""全部控制"复选框，最后单击"确定"按钮，如图 11 - 1 - 9 所示。

（3）在主机名上单击鼠标右键，选择"为选中主机指派策略"命令，然后选择刚刚新建的"工作策略"后单击"确定"按钮，如图 11 - 1 - 10 所示。

完成后，可以尝试在被控计算机访问视频网站，测试控制效果。

4. 策略编辑中各个选项卡的功能

网络限制：完全禁止网站访问或限制访问特定网站。

普通下载限制：限制 HTTP 或 FTP 下载。

游戏限制：禁止运行网络游戏和网页游戏。

带宽限制：限制主机上/下行带宽。

流量限制：限制主机上/下行流量。

网盘微博限制：禁止访问网盘和微博。

股票限制：禁止运行股票网站和股票软件。

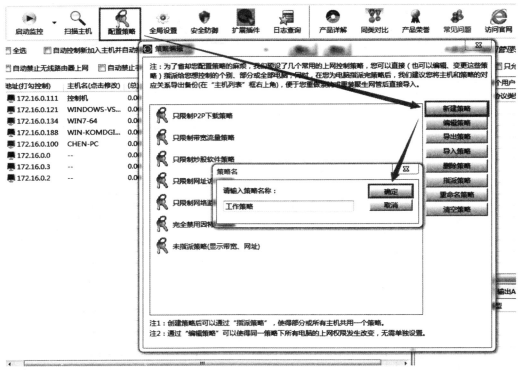

图 11 - 1 - 8　新建策略

图 11 - 1 - 9　设置控制内容

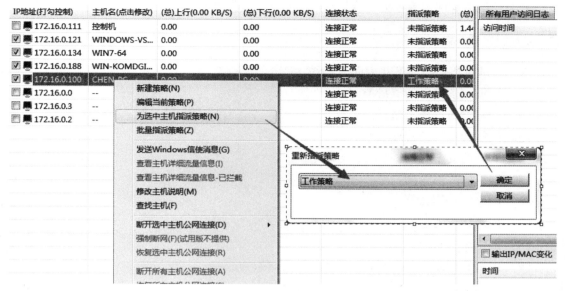

图 11 – 1 – 10　指派策略

邮件附件限制：禁止发送邮件或邮件附件。

P2P 下载限制：禁止运行迅雷、QQ 旋风等下载软件，网络视频播放器，禁止访问在线视频网站。

聊天限制：禁止运行聊天软件，限制传送文件。

网购限制：禁止访问购物网站。

时间限制：设置控制时间。

5. 查看上网日志和网络监控记录

首先勾选被控计算机并为其指派上网策略，在策略中选择"启用 WWW 访问历史网址记录"，这时就可以在右侧网络日志中看到详细的监控记录。

【理论知识】

一、网络管理的基本概念

网络管理简称"网管"，指规划、监督、设计和控制网络资源使用的各种活动。网络管理收集、分析、检测和监控网络中各种设备和设施的工作参数与工作状态信息，并提供给网络管理员进行分析决策，或者由网络管理系统自动进行决策，以控制网络中的设备和设施的工作参数和工作状态，确保网络的运行质量和运行效率。

实际上网络管理就是对网络的运行状态进行监测和控制，以使网络能够有效、可靠、安全、经济地提供服务。网络管理的定义有两层含义：一是实现对网络运行状态的监测；二是实现对网络运行状态的控制。通过监测了解当前状态是否正常，是否存在潜在的危险；通过控制对网络状态进行合理调节，提高网络的性能，保证网络的服务质量。监测是控制的前提，控制是监测的结果。

复杂的网络管理用手工去实现是不可能的，必须借助网络管理系统。

二、网络管理的基本内容

网络管理主要包括如下几方面内容。

（1）数据通信网中的流量控制；

（2）网络路由选择策略；

（3）网络管理员的管理与培训；

（4）网络的安全防护；

（5）网络的故障诊断；

（6）网络的费用计算；

（7）网络病毒防范；

（8）网络黑客防范；

（9）内部管理制度。

三、网络管理的目标

网络管理的根本目标就是满足运营者及用户对网络的有效性、可靠性、开放性、综合性、安全性和经济性的要求。

1. 有效性

网络应能够准确及时地传送信息。打电话要求相互能够听清对方的谈话内容，能够辨认出对方的声音，能以正常的速度讲话；发传真要求对方能够看得清楚，所传文件与原件上的文字、图形、图像特征一致；通过网络观看活动图像，要求图像不要有过大的时延和抖动等。也就是说，网络的服务要有质量保证。

2. 可靠性

网络必须保证能够稳定地运转，不能时断时续，要对各种故障以及自然灾害有较强的抵御能力和一定的自愈能力。在许多场合下，网络的中断会产生很大的经济损失。但是绝对可靠的网络是不存在的，因此以营利为目的的网络经营者需要在可靠性和成本之间权衡，以求得较好的经济效益。

3. 开放性

网络要能够接受不同厂商生产的异种设备。这是现代网络发展速度高、技术进步快、生产厂商多、设备更新换代周期短这些特点所要求的。因此，ISO 早在 20 世纪 70 年代就提出了 OSI/RM，并在此模型的基础上提出了基于远程监控的系统管理模型。

4. 综合性

网络业务不能单一化。网络的综合性会给网络经营者带来更大的经济效益，同时也给用户带来了更大的方便，使人们的通信方式更加多样、自然、快捷。

5. 安全性

随着人们对网络依赖性的增强，对网络安全性的要求也越来越高。普通客户要求网络有较高的通话保密性，企业客户则要求连接到网上的计算机系统有安全保障，数据库的数据不能被非法访问和破坏，系统不被病毒侵蚀。有专网的客户要求专网不被侵入，同时，还要防止诸如反动、淫秽等有害信息在网上传播。

6. 经济性

网络的经济性有两个方面的含义：一是对网络经营者的经济性；二是对用户的经济性。对网络经营者而言，网络的建设、运营、维护等开支要小于业务收入，否则，其经济性就无从谈起。对用户来说，网络业务要有合理的价格，如果价格太高，则用户承受不起，或虽能承受但感到付出的费用超过了业务的价值，那么用户便会拒绝应用这些业务，网络的经济性也就无从谈起。

四、网络管理的逻辑模型

网络管理的逻辑模型如图 11 - 1 - 11 所示。

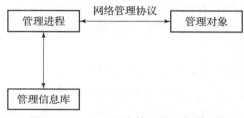

图 11 - 1 - 11　网络管理的逻辑模型

1. 管理对象

管理对象是网络中具体可以操作的数据。

2. 管理进程

管理进程是对网络中的设备和设施进行全面管理和控制的软件。

3. 管理信息库

管理信息库用于记录网络中管理对象的信息。

4. 网络管理协议

网络管理协议用于在网络管理系统与管理对象之间传递和解释操作命令。

五、网络管理协议

1. 简单网络管理协议（SNMP）

SNMP 首先是由 Internet 工程任务组织（Internet Engineering Task Force，IETF）的研究小组为了解决 Internet 上的路由器管理问题而提出的。

SNMP 是使用户能够通过轮询、设置关键字和监视网络事件来达到网络管理目的的一种网络协议。它是一个应用层的协议，而且是 TCP/IP 协议族的一部分，工作于 UDP 上。

SNMP 是目前最常用的网络管理协议。SNMP 被设计成与协议无关，所以它可以在 IP、IPX、AppleTalk、OSI 以及其他传输协议上被使用。SNMP 是一系列协议组和规范，它提供了一种从网络上的设备中收集网络管理信息的方法。SNMP 也为设备向网络管理工作站报告问题和错误提供了一种方法。

SNMP 是最早提出的网络管理协议之一。SNMP 已成为网络管理领域中事实上的工业标准，并被广泛支持和应用，大多数网络管理系统和平台都是基于 SNMP 的，几乎所有网络设备生产厂商都实现了对 SNMP 的支持。领导潮流的 SNMP 是一个从网络上的设备收集管理信息的公用通信协议。设备的管理者收集这些信息并记录在管理信息库中。这些信息报告设备的特性、数据吞吐量、通信超载和错误等。管理信息库有公共的格式，所以来自多个厂商的 SNMP 管理工具可以收集管理信息库的信息，在管理控制台上呈现给系统管理员。

2. 公共管理信息服务/公共管理信息协议（CMIS/CMIP）

CMIS/CMIP 是 OSI 提供的网络管理协议族。CMIS 定义了每个网络组成部分提供的网络管理服务，这些服务在本质上是很普通的，CMIP 则是实现 CMIS 的协议。

OSI 网络协议旨在为所有设备在 ISO/RM 的每一层提供一个公共网络结构，而 CMIS/CMIP 正是这样一个用于所有网络设备的完整网络管理协议族。

出于通用性的考虑，CMIS/CMIP 的功能与结构与 SNMP 很不相同，SNMP 是按照简单和易于实现的原则设计的，而 CMIS/CMIP 则能够提供支持一个完整网络管理方案所需的功能。

CMIS/CMIP 的整体结构是建立在使用 ISO/RM 的基础上的，网络管理应用进程使用 ISO/RM 中的应用层。在这一层上，公共管理信息服务单元（CMISE）提供了应用程序使用 CMIP 的接口。同时该层还包括了两个 ISO 应用协议：联系控制服务元素（ACSE）和远程操作服务元素（ROSE），其中 ACSE 在应用程序之间建立和关闭联系，而 ROSE 则处理应用之间的请求/响应交互。另外，值得注意的是 OSI 没有在应用层之下特别为网络管理定义协议。

3. 局域网个人管理协议（LMMP）

LMMP 试图为局域网环境提供一个网络管理方案。LMMP 以前被称为 IEEE802 逻辑链路控制上的公共管理信息服务与协议（CMOL）。由于该协议直接位于 IEEE802 逻辑链路层（LLC）上，所以它可以不依赖任何特定的网络层协议进行网络传输。由于不依赖任何网络层协议，LMMP 比 CMIS/CMIP 或 CMOT 都易于实现，然而没有网络层提供路由信息，LMMP 信息不能跨越路由器，这限制了它只能在局域网中发展。但是，跨越局域网传输局限的 LMMP 信息转换代理能够克服这一困难。

任务二 网络管理的简单应用

【任务描述】

（1）通过实践掌握日志和网络监视工具的使用方法，理解日志和网络监视工具对网络管理的重要作用；

（2）掌握网站流量监测和统计软件的安装与使用，理解流量监测和统计的相关参数，理解流量监视监测对网络正常运行的重要作用。

【任务实施】

实验一：Windows 日志和网络监视器的使用

Windows 日志文件记录着 Windows 系统运行的每一个细节，对 Windows 的稳定运行起着至关重要的作用。通过查看服务器中的 Windows 日志，网络管理员可以及时找出服务器出现故障的原因。

Windows 日志文件中记录的事件有 5 类，即错误、警告、信息、审核成功和审核失败。

网络管理员可以使用网络监视器监测和解决在本地计算机上可能遇到的网络问题。通过使用"捕获"功能并显示捕获的数据，网络管理员可以清楚地看到捕获帧的时间、源 MAC 地址、目标 MAC 地址、使用协议、其他源地址、其他目标源地址、其他类型地址等选项。

实验步骤如下。

1. 事件查看器的使用

1）查看日志

（1）选择"控制面板"→"管理工具"→"事件查看器"选项，如图 11 – 2 – 1 所示。

图 11 – 2 – 1　事件查看器

（2）可以在右侧窗口中选择创建自定义视图，以方便筛选查看所关心的日志。如不创建自定义视图，可以在左侧的树型框中根据分类查看系统不同方面的日志信息。

（3）在自定义视图中，系统已创建了一个默认的管理事件，如图 11 – 2 – 2 所示。

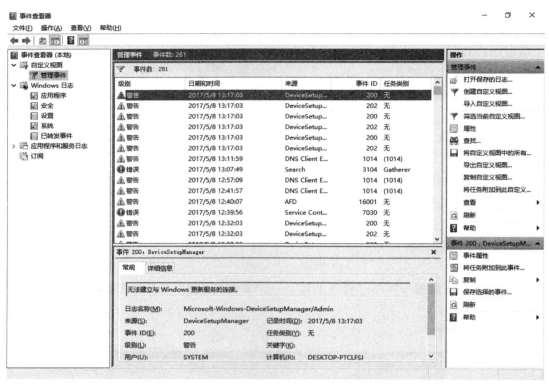

图 11 – 2 – 2　应用程序日志

2）显示详细信息

（1）双击想查看的事件，弹出事件属性窗口，如图 11 – 2 – 3 所示。

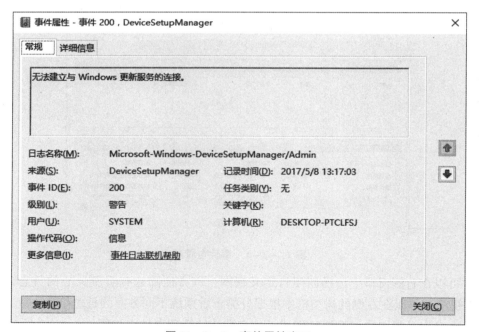

图 11 – 2 – 3　事件属性窗口

（2）单击上或下按钮，可以翻阅上一个或下一个事件。

（3）单击"复制"按钮，可以将事件信息复制到剪贴板中。

3）保存、打开和清除事件

（1）保存事件：在"事件查看器"窗口中选择"操作"→"将所有事件另存为"命令，输入文件名"test"，扩展名默认为".evtx"。

（2）打开事件：打开先前保存的日志文件。

（3）清除事件：为防止系统服务停止，应及时消除日志文件。

4）设置日志属性

若不想手工消除日志，可在"事件查看器"窗口中选择"操作"→"属性"选项，设置日志文件的大小，以及当达到了最大值时的处置方法。

2. 网络监视器

1）安装和设置

（1）选择"控制面板"→"添加/删除程序"→"Windows 组件"选项，打开"Windows 组件向导"对话框，勾选"管理和监视工具"复选框，如图 11-2-4 所示。

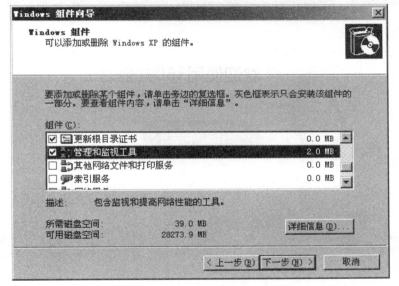

图 11-2-4 "Windows 组件向导"对话框

（2）在提示插入磁盘时选择浏览系统文件，指出系统安装文件所在的位置。

（3）在"开始"→"程序"→"管理工具"界面中将出现"网络监视器"。

2）使用网络监视器

（1）启动网络监测，选择"捕获"→"网络"选项，展开本地计算机，再选定一个本地连接用的网卡，注意网卡是以 MAC 地址区分的（可以在命令行中用"ipconfig/all"命令查询 MAC 地址）。

（2）选择"捕获"→"开始"命令。

（3）观察监视器窗口中的数值变化。

（4）停止捕获，查看已捕获的帧数据，将所捕获的帧数据保存到文件中。

（5）选择第3帧，单击工具栏中的眼镜按钮，查看该帧中的数据。

实验二：网络流量监测和统计软件的安装与使用

1. 360 流量防火墙的安装与使用

360 流量防火墙是一款网络流量监测软件，用户可以实时监测各个应用程序的流量走向和上传/下载时的速度，还能智能地分配应用流量，避免流量使用冲突导致部分应用卡顿。该软件的主要原理是根据用户的流量使用情况设置参数，然后自动统计用户每天上网时所产生流量。该软件的电脑版主要是检测连网的程序，并保护计算机的安全，同时也让用户可以看到自己在哪一个应用的使用量比较大。

实验步骤如下。

（1）打开 360 安全卫士，单击"功能大全"按钮，如图 11 – 2 – 5 所示。

图 11 – 2 – 5　单击"功能大全"按钮

（2）单击软件列表中的"流量防火墙"图标，如图 11 – 2 – 6 所示。

（3）360 流量防火墙界面如图 11 – 2 – 7 所示。

（4）功能设置。

①自动调整网络访问优先级。

比如玩"穿越火线"游戏，可自动将"穿越火线"游戏的优先级调高，使其在其他程序之前访问网络，不受其他后台程序的干扰。

②上传限速功能可限制在后台进行上传操作的软件，加快上网速度。

图 11 - 2 - 6　单击"流量防火墙"图标

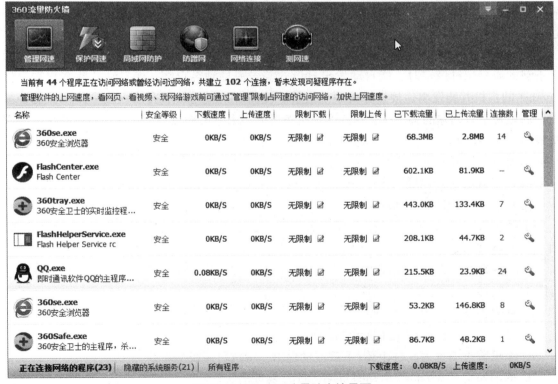

图 11 - 2 - 7　360 流量防火墙界面

可以在"限制上传"输入框中输入限定的数值，这样可快速完成限速设定，节省更多上传带宽，加快上网速度。

③为高级用户提供贴心的设置服务。

可禁止程序访问网络，阻止不必要程序的运行。

④清晰查看程序流量。

可显示程序的下载/上传速度，显示真实流量。

⑤提供详尽的程序解释。

每个程序都有详尽的解释，可让用户快速了解哪些程序在连网。

⑥显示总的上传/下载流量。

在界面右下角可清楚地看到系统的总流量。

2. 海王星局域网客户机流量监视器的安装与使用

海王星局域网客户机流量监视器是一款优秀的局域网流量监视控制软件。海王星局域网客户机流量监视器适合任意架构类型的网络，可监测任意类型的 Windows 操作系统。其服务器端软件可以安装在任何一台计算机上，其他被监视的计算机则安装客户端软件。

在装有海王星局域网客户机流量监视器服务器端的计算机上可以直观地监视局域网内任意一个客户机的网络流量，能够监视瞬时下载速度、瞬时上传速度、总下载量、总上传量，并且能自由排序。

在服务器端可以查看任意一个客户机的当前屏幕以及应用程序进程和端口占用情况，查看操作者究竟在做什么，能禁止 BT 软件运行，能发出消息到客户机，能关闭或者重新启动违规计算机。

海王星局域网客户机流量监视器具有完美的流量控制与流量限制功能，当客户机上传或者下载的流量超过设定时，能自动发出自设的警告消息到客户端，能自动截断客户端连接 Internet 的主机并能发出违规计算机编号报警。使用海王星局域网客户机流量监视器能轻易发现局域网中有问题的客户机，这些客户机有可能因为感染蠕虫病毒疯狂地占用网络资源而造成整个网络瘫痪。

实验步骤如下。

（1）下载海王星局域网客户机流量监视器并根据安装向导完成安装过程。

（2）启动并设置服务器端。

①打开指定文件夹，运行"HNetViewServer. exe"，就可以启动服务器端程序，如图 11 - 2 - 8 所示。

②选择菜单中的"系统设置"选项，在弹出的"海王星服务器系统设置"对话框中进行图 11 - 2 - 9 所示设置。

a. 列表刷新周期为 10 秒。

b. 客户机流盘超标时阻止连网 120 秒。

c. 编辑警告消息为"你上传/下载流量超出，将被罚掉线 120 秒"。

d. 取消勾选"Windows 启动时自动运行"复选框。

e. 保存设置。

图 11 – 2 – 8　启动服务器端程序

（3）启动并设置客户端（可以设置多个）。

①在其他计算机上打开指定文件夹，运行"NetViewClient. exe"，启动客户端程序，如图 11 – 2 – 10 所示。

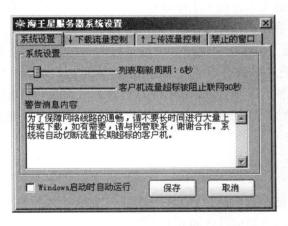

图 11 – 2 – 9　"海王星服务器系统设置"对话框

图 11 – 2 – 10　启动客户端程序

②输入服务器端的 IP 地址。

③取消勾选"Windows 启动时自动运行本软件"复选框。

④实验时无须设置任何密码。

⑤保存设置。此时"隐蔽"按钮后面的灯应为绿色。

（4）进行控制管理。

①在服务器端的服务器窗口中选定 1 台客户机。

②单击"查看客户机屏幕"按钮，看是否收到客户机的当前窗口显示内容，测试功能是否正常。

③单击"发送警告消息"按钮，测试功能是否正常。

④单击"查看客户机进程"按钮，测试功能是否正常。

⑤在客户机上上传或下载一些文件，测试是否可以出现警告消息。

⑥请慎用关机和重启功能。

【理论知识】

一、网络管理的分类

事实上，网络管理技术是伴随着计算机、网络技术和通信技术的发展而发展的，三者相辅相成。从网络管理的范畴来分类，可分为对网络的管理，即针对交换机、路由器等主干网络进行管理；对接入设备的管理，即对内部 PC、服务器、交换机等进行管理；对行为的管理，即针对用户的使用进行管理；对资产的管理，即统计 IT 软/硬件的信息等。根据网络管理软件的发展历史，可以将网络管理软件划分为三代。

第一代网络管理软件就是最常用的命令行方式，并结合一些简单的网络监测工具，它不仅要求使用者精通网络的原理及概念，还要求使用者了解不同厂商的不同网络设备的配置方法。

第二代网络管理软件具有良好的图形化界面。用户无须过多了解设备的配置方法，就能图形化地对多台设备同时进行配置和监控。这大大提高了工作效率，但仍然存在人为因素造成的设备功能使用不全面或不正确的问题，容易引发误操作。

第三代网络管理软件相对来说比较智能，是真正将网络和管理进行有机结合的软件系统，具有"自动配置"和"自动调整"功能。对网络管理人员来说，只要把用户情况、设备情况以及用户与网络资源之间的分配关系输入网络管理系统，网络管理系统就能自动地建立图形化的人员与网络的配置关系，并自动鉴别用户身份，分配用户所需的资源（如电子邮件、Web 资源、文档服务等）。

二、网络管理的功能

在实际网络管理过程中，网络管理的功能非常广泛。ISO 在 ISO/IEC 7498 – 4 协议中对网络管理行为进行了分类，提出并描述了网络管理应具备的五大功能。

1. 故障管理

故障管理的主要任务是对来自硬件设备或路径节点的报警信息进行监测、报告和存储，并对故障进行诊断、定位隔离和纠正。故障管理通常应包含以下典型功能：维护差错日志、响应差错通知、定位和隔离故障、进行诊断测试、确定故障类型并最终排除故障。

2. 配置管理

配置管理的主要任务是对网络配置数据进行收集、监视和修改，如规划网络拓扑结构，配置设备内各插件板，建立与删除路径，以及通过插入、修改和删除来配置网络资源等，其目的是实现某个特定功能或使网络性能最优。

3. 性能管理

性能管理的主要任务是分析评估网络资源的运行状况及通信效率等网络性能，主要通过下列步骤来完成：收集网络当前状况的数据信息，将该数据信息作为性能日志存储起来，以便分析网络运行效率；分析结果是否可用于触发某个诊断测试进程或重新优化网络，以维护网络的性能。因此，性能管理的主要功能是：收集和分发统计数据、维护系统性能的历史记录、模拟各种操作的系统模型。

4. 安全管理

安全管理对网络的安全来说是至关重要的。网络中主要的安全问题是网络数据被非法入侵者获取、操纵（如插入、删除、修改等），导致数据被非法窃取或破坏。安全管理就是要实施各种保护功能，保护网络资源不被非法入侵者访问。其主要功能包括：授权机制、访问控制、加密和密钥管理、安全日志维护和检查。

5. 记账管理

记账管理用于记录网络资源的使用，目的是控制和监测网络操作的费用和代价。它有两层含义：其一是可估算出用户使用网络资源可能需要的费用和代价；其二是规定用户能使用的最大费用，从而防止用户过多使用和占用网络资源。

网络监视是实现高效网络管理的基本手段，需要不断实践与摸索。

三、网络管理模式

经过多年的研究与发展，人们提出了不同的网络管理模式，其中最常见的有集中式网络管理模式、分布式网络管理模式和分层式网络管理模式。

1. 集中式网络管理模式

集中式网络管理模式具有一对多关系，采用此种模式的网络中设置一台功能强大的管理机，该管理机集成了管理软件和数据库，具有存储、分析、管理和处理数据等的核心功能；网络中的其他节点（计算机、网络打印机、路由器、交换机等）作为被管设备仅完成简单功能，并统一由中心管理机管理。

集中式网络管理模式的体系结构如图 11 – 2 – 11 所示。

由图 11 – 2 – 11 可知，集中式网络管理模式主要由以下几个部分组成。

（1）NMS：网络管理系统（Net Management System）；

（2）Agent：代理程序；

（3）NMP：网络管理协议（Network Management Protocol）；

（4）MIB：管理信息库（Management Information Base）。

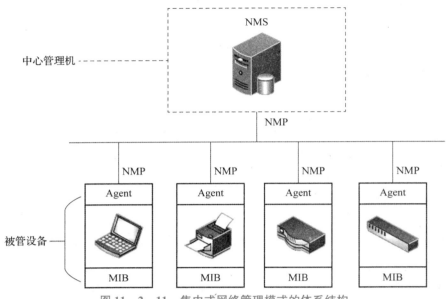

图 11 – 2 – 11　集中式网络管理模式的体系结构

2. 分布式网络管理模式

分布式网络管理模式将网络分为多个管理域，每个管理域配备一个网络管理系统、一个存储整个网络中设备数据的完整数据库和一名管理员。多个管理域之间对等，管理域之间的通信在系统内部进行。分布式网络管理模式的体系结构如图 11 – 2 – 12 所示。

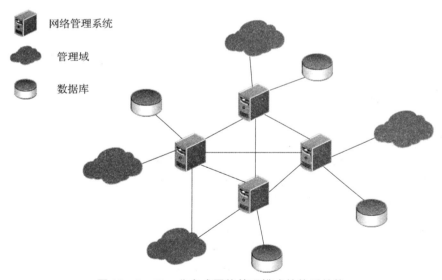

图 11 – 2 – 12　分布式网络管理模式的体系结构

分布式网络管理模式不会因一台管理设备的故障影响整个网络的管理，稳定性更高；网络中各节点互相连接，信息可通过多条线路汇聚，传输速率更有保障；被管设备具有稳定的数据处理和存储能力，网络管理系统负荷较小，对管理设备性能要求较低。

当然，分布式网络管理模式也有一些缺点：分布式网络结构复杂，扩展困难；分布式网

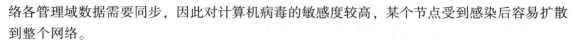

络各管理域数据需要同步，因此对计算机病毒的敏感度较高，某个节点受到感染后容易扩散到整个网络。

3. 分层式网络管理模式

分布式网络管理模式可解决集中式网络管理模式中存在的问题，但目前还难以实现完全的分布式管理，大型网络中较为通用的网络管理模式是分布式和集中式相结合的分层式网络管理模式。

分层式网络管理模式在各域管理者之上设置了总管理节点，各域不再互相通信，由总管理节点收集各域管理节点上的数据，负责整个网络的总体管理工作。分层式网络管理模式的体系结构如图 11 – 2 – 13 所示。

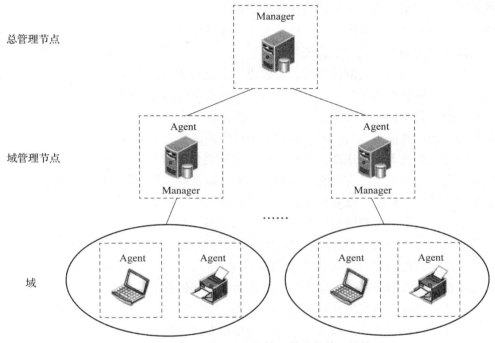

图 11 – 2 – 13　分层式网络管理模式的体系结构

从图 11 – 2 – 13 可知，分层式网络管理模式中的设备分为总管理节点、域管理节点和域设备 3 层，其中域管理节点既具备管理功能，又具备代理功能。此种网络管理模式既能缓解集中式网络管理模式中数据与功能过于集中的问题，又能解决分布式网络管理模式中网络结构难以扩展的问题，更适用于中型、大型结构复杂的网络。

四、常用的网络管理软件

所有网络公司的产品都支持 SNMP 标准，但真正全部具有网络管理五大功能的网络管理系统并不多。具有代表性的国外有惠普（HP）公司的 HP Open View、IBM 公司的 NetView、卓豪（ZOHO）公司的 ManageEngine、思科（Cisco）公司的 Cisco Works、SUN 公司的 NetManager、智和信通公司的 SugarNMS、Novell 公司的 NetWare Manage Wise 和代表未来智能网络管理方向的 Cabletron 公司的 SPECTRUN。这些网络管理系统在支持本公司网络管理方案的同时，均可通过 SNMP 对网络设备进行管理。还有一些网络公司的网络管理产品基本上都是网络管理代理，可作为 SNMP 代理接受管理者的管理。

【项目小结】

本项目通过 2 个任务 3 个实验完成了对网络管理基础知识的学习，通过学习部分常用网络管理软件的使用来掌握网络管理的概念、分类、功能等知识。

【知识拓展】

系统漏洞是产生的？

首先了解一下系统漏洞是怎样被黑客利用的。

微软公司发布了操作系统后，继续致力于操作系统的各种安全测试工作，有时还会把这些安全测试工作交给第三方的合作公司。

当这些第三方公司发现漏洞以后，会通过一个绝密的渠道把这个漏洞的代码交给微软公司。这时只有微软公司和报告方知道这个漏洞，公众是绝对不知道的。

然后，微软公司就着手开发针对这个漏洞的修补程序。在开发结束之后微软公司还会对这个修补程序做一些冲突性的检测，比如查看操作系统在安装了这个修补程序之后，是不是会出现功能性丧失或者系统崩溃，只有在测试完毕之后微软公司才会把这些补丁发布出来。这时公众才会知道操作系统有这么一个漏洞，而此时针对这个漏洞的补丁程序已经发布。

一些程序员会下载这些修补程序，并且会对它们进行反编译，从而了解微软公司具体修补的是一个怎样的漏洞，然后他们会根据这个漏洞编写出针对该漏洞的"攻击代码"。但是这些"攻击代码"并不能自动运行，不能传播，因此它们并不能算作计算机病毒。

这些程序员会把这段"攻击代码"公布到 Internet 上，一旦恶意用户得到了这段代码，他们就可能在这段代码的基础上加上一些能自动运行和传播的代码，这时它才真正成为计算机病毒。从这些计算机病毒被释放到 Internet 开始，整个网络都会遭到这种计算机病毒的影响。这时，那些没有安装这个漏洞修补程序的操作系统将会遭到这种计算机病毒的破坏。

【思考与练习】

问答题

1. 网络管理的基本内容是什么？

2. 网络管理的主要功能有哪些？

3. 网络管理协议有哪些？

4. 除本项目介绍的网络管理软件外，还有什么网络管理软件？它们有何特点？